LE LABOURAGE A LA VAPEUR

Les principaux journaux politiques de Paris et plusieurs publications et revues scientifiques, telles que celle du savant abbé Moigna (les *Mondes*) la *Gazette des campagnes*, dirigée par M. Louis Hervé, et surtout les remarquables écrits de M. de la Tréhonnais, ont appelé l'attention du public sur une des questions les plus importantes des temps modernes : le labourage à la vapeur.

Après les désastres subis par la France, devant la lourde dette qu'elle a à éteindre, nulle pensée plus patriotique, nulle inspiration plus féconde, ne pouvait être plus opportune que la grande conception dont nous avons la bonne fortune de pouvoir entretenir nos lecteurs.

Le titre de ce journal, le *Travail*, s'harmonise parfaitement avec la mission à laquelle il nous est permis de nous associer.

En effet, jamais dans son acception la plus noble et la plus productive, l'union de ces puissances : l'intelligence et le labeur, n'aura eu un champ aussi vaste à parcourir.

Ainsi qu'on le verra par la lecture suivie de la série d'articles que nous avons à publier, il ne s'agit pas d'une entreprise financière ou industrielle plus ou moins utile, plus ou moins éphémère, mais il s'agit d'une de ces fondations qui, comme les chemins de fer et les télégraphes, marquent dans l'histoire des peuples et sont un phare autour duquel doivent graviter toutes les forces du moment, puisqu'il est destiné à éclairer l'avenir.

La création d'une société de labourage à la vapeur sera pour la France une véritable révolution pacifique et humanitaire.

D'abord elle est appelée à soulager l'homme dans les plus rudes travaux de la terre. Elle l'initie à des connaissances qui élèvent le degré de son intelligence et de son instruction. Elle augmente son bien-être.

Elle rend à une agriculture féconde des terrains incultes et malsains.

Elle dote le pays de magnifiques cultures, le dispense du tribut qu'il paie à l'étranger pour les importations.

Elle augmente le revenu territorial dans des proportions énormes.

Elle vivifie des contrées vouées à la stérilité et à l'abandon.

Elle sert de trait-d'union à toutes les cultures quelles qu'elles soient.

Elle facilite également la petite, la moyenne et la grande propriété.

Avec son matériel, qu'elle loue à de faciles conditions, elle dispense les propriétaires d'avoir un outillage coûteux.

Elle complète les artères de chemins de fer, car au moyen de ses locomobiles, elle dessert non-seulement les chemins ruraux, mais elle comble toutes les lacunes qui existent entre les voies ferrées.

En cas de guerre, le gouvernement trouverait dans ses moyens de transport, un auxiliaire des plus puissants, et en tous temps il pourrait faire bien plus facilement ses remontes en chevaux de cavalerie, puisque l'agriculture et les transports en emploiraient beaucoup moins.

L'espace nous manque pour faire ressortir les nombreux avantages qui naîtront de la fondation dont il s'agit. Ils sont développés ailleurs dans les publications que nous allons faire sans interruption. Qu'il nous suffise de dire que l'Etat y trouvera une augmentation de contributions directes et indirectes de près de 80,000,000 ; que la fortune publique augmentera dans des proportions énormes ; que la vie deviendra plus facile et bien moins coûteuse, puisque les céréales seront récoltées sur une plus grande échelle et qu'un plus grand nombre de bestiaux sera affecté à l'engraissement.

Tout le monde le sait, l'agriculture est une question primordiale et la véritable richesse du pays. Aussi Sully la considérait-il comme la plus grande force que l'on puisse invoquer.

Le grand honneur d'être l'initiateur et le propagateur de la belle pensée que nous venons d'esquisser rapidement était réservé à l'honorable M. J. Besset, qui, depuis plusieurs années, s'est consacré à cette œuvre colossale, tant par des travaux très-considérables, des démarches sans nombre, que par de fréquents voyages à l'étranger, et notamment en Angleterre, où il a pu étudier sur une grande échelle, des résultats déjà acquis à cette partie de l'Europe, si innovatrice dans ses projets et si pratique dans leur exécution.

Certes, si la France, avec sa situation géographique, avec son climat privilégié et ses ressources sans nombre, est, comme il faut l'espérer, dotée de la fondation qui nous occupe, son importance s'accroîtra dans des proportions dont il est impossible de prévoir l'étendue, tant les résultats doivent être variés et rémunérateurs.

M. J. Besset, qui par son honorabilité et sa compétence, a déjà acquis à son projet, non-seulement les publicistes, les économistes, mais aussi un grand nombre d'agriculteurs, a su déterminer, en sa faveur, le vif intérêt d'un groupe considérable de membres de l'Assemblée nationale.

Pour assurer le succès d'une entreprise aussi grandiose et aussi utile, il a été reconnu qu'il était indispensable d'obtenir du gouvernement une garantie d'intérêts de la somme jugée nécessaire pour la fondation dont il s'agit, mais dans des conditions beaucoup moins onéreuses pour l'Etat que celles qu'il accorde aux compagnies de chemins de fer.

Le capital, d'après les études faites, devra être porté à 25,000,000, pour pouvoir faire face à toutes les nécessités, tant en France qu'en Algérie ; mais le capital de 25,000,000 ne sera certainement pas appelé complétement ; car les bénéfices, qui se réaliseront à proportion, deviendront une atténuation à l'appel de fonds.

D'un autre côté, la garantie d'intérêts que M. Besset demande pour trente ans au gouvernement n'est qu'une condition de précaution et de sécurité pour les tiers, car les mêmes bénéfices se produisant dès le début, rendront à coup sûr inutile l'intervention de l'Etat, puisque l'opération pourra par elle-même largement se suffire.

Le nombreux personnel attaché à l'exploitation sera embrigadé et discipliné de façon à se trouver dans certains cas à prévoir, à la disposition de l'Etat.

Ce qui prouve d'une façon irréfutable la maturité de cette combinaison, c'est que dans ce moment même, MM. Aveling et Porter, constructeurs de machines et outillages à la vapeur, qui ont un dépôt à Paris, sont sollicités journellement par de nombreux agriculteurs d'employer leurs machines au labourage à la façon ; mais ces messieurs étant uniquement constructeurs, ne peuvent entrer dans cette voie, qui est précisément celle ouverte par la société que nous préconisons.

L'efficacité de ce mode de labourage est tous les jours constaté dans les divers concours et comices agricoles et récemment dans l'Aisne et dans le Nord.

En résumé, M. J. Besset, encouragé et aidé par des hommes honorables de toutes les classes de la société, et après avoir fait les études les plus ardues et les plus consciencieuses, est parvenu à amener à son complet épanouissement le projet d'une *Société française de labourage à la vapeur*. Il a, à cet effet, conféré avec MM. les ministres des finances, de l'agriculture et des travaux publics, dont il a reçu verbalement et par écrit les meilleurs encouragements ; ainsi que de M. Tisserand, inspecteur général de l'agriculture. Les rapports que nous allons mettre sous les yeux du public ont été communiqués à ces notabilités et une commission nommée par le groupe nombreux des agriculteurs de l'Assemblée nationale, a désigné pour son rapporteur, l'un d'eux, M. de Diesbach.

Ainsi, dès la rentrée de la Chambre, cette importante question va être soumise aux délibérations de l'Assemblée, et il y a tout lieu d'espérer qu'un vote favorable consacrera une demande si patriotique.

En attendant, M. Besset et les amis qui l'aident dans sa noble croisade, vont s'occuper de former un comité d'hommes considérables, qui sera le noyau de la société anonyme qui prendra sous son égide cette magnifique création. Des comités seront établis dans tous les départements; mais il nous a semblé convenable et même indispensable de mettre, dès son début, la *Société du labourage à la vapeur* sous le haut patronage de la presse. Car nous n'en doutons pas, tous les journaux dévoués au progrès et au relèvement de la patrie, voudront bien, par leur publicité, aider à la propagation d'une pensée qui n'a besoin que d'être soutenue pour devenir l'axe d'une rénovation sociale.

Les nombreux détails techniques et pratiques qui seront successivement publiés, prouveront combien elle est utile et combien est déjà grande son opportunité dont l'expérience a été si concluante dans d'importantes exploitations, notammeut à Ivry-sur-Seine, chez M. Decauville; à Gonesse, chez MM. Tétard; à Coutançon, chez M. Pépin-Lehalleur, et au château du Delfand, chez M. Farjas.

Nous espérons qu'il nous sera donné d'ouvrir ce sillon qui, en honorant le travail, le rend fécond pour l'amélioration des classes laborieuses, productif pour l'Etat et glorieux pour la France !

VULGARISATION

de la

Culture à la Vapeur

—

LA GÉNÉRALISATION DU TRAVAIL. — L'IR-
RIGATION, LE DESSÈCHEMENT ET LE
DÉFRICHEMENT DES TERRAINS. — LA
DÉFENSE DU TERRITOIRE. — L'AUGMEN-
TATION DE LA RICHESSE PUBLIQUE.

I

*Avantage de la Culture à la Vapeur au
point de vue agricole.*

Depuis quelques années, la question
des forces en agriculture se complique
de plus en plus en France ; à la rareté
de la main-d'œuvre, se joint aujourd'hui
sa cherté exagérée. Cet état de chose
alarmant donne à la question de l'application de la force mécanique aux travaux des champs une importance considérable, puisque cette application permet

de suppléer à la force musculaire de l'homme, qui nous fait défaut ou n'est pas suffisante, pour assurer des récoltes suffisamment abondantes, et à celle des animaux de trait qui ne suffit plus aux exigences de la culture intensive.

La question de l'application de la vapeur à la culture intéresse donc l'agriculture au plus haut degré ; et elle a déjà attiré l'attention sérieuse des agriculteurs français et de nos grandes sociétés d'agriculture, qui ont unanimement reconnu les avantages immenses qui résulteraient de son développement en France.

Il ne s'agit plus d'un problème à résoudre ; la culture à la vapeur a fait ses preuves partout où l'on a voulu ou pu l'essayer. En Angleterre, en Allemagne, en Russie, etc., cette question a reçu une complète solution, et son application générale n'a d'autre obstacle que la difficulté d'obtenir des appareils que les fabricants suffisent à peine à construire pour satisfaire aux demandes. En France, les avantages de ce système sont parfaitement appréciés ; mais les moyens de généraliser son application font défaut, notamment à la petite et à la moyenne culture.

On peut donc dire aujourd'hui que l'heure de la culture à vapeur a sonné, qu'elle est devenue une nécessité des temps, et la preuve c'est que dans tous nos concours régionnaux, dans tous nos comices agricoles, des prix sont fondés, des récompenses décernées soit aux inventeurs de machines reconnues les plus propres à diminuer les frais de main-d'œuvre en agriculture, soit aux agriculteurs qui en ont fait l'application dans les conditions les plus économiques ou qui ont aidé à leur propagation; et qu'en outre, la société d'encouragement pour les arts et l'industrie nationale, sentinelle avancée et éclairée du progrès, a fondé deux grands prix spéciaux afin d'encourager le développement de l'application des forces mécaniques en agriculture.

Le premier de ces prix, d'une valeur de 6,000 fr., fut décerné en 1873, et partagé entre M. Decauville, propriétaire de la ferme du Petit-Bourg, et MM. Télard frères, propriétaires à Gonesse.

Les considérations qui ont décidé la fondation de ces prix sont les suivantes :

« Le labourage à la vapeur a déjà pris
« une certaine extension en Angleterre,
« tandis qu'en France il n'existe encore
« qu'à l'état d'essai et d'expérience. La
« force de la vapeur, appliquée aux ma-
« chines diverses qui servent aux ré-
« coltes et à façonner le sol produirait
« une écononomie certaine dans le prix
« du travail, indépendamment d'une cé-
« lérité très-désirable, et, de plus, les
« animaux employés aux services ara-
« toires se transformeraient en bétail de
« vente, ce qui vaut beaucoup mieux au
« point de vue des engrais et des béné-
« fices ; de plus encore, elle *multiplie-*
« *rait et améliorerait les produits.*

« *Il est donc très-désirable que le labou-*
« *rage à la vapeur se propage sur une*
« *vaste échelle.*

« La Brie, la Beauce, la Sologne, le
« Nord de la France, le Berry, etc., sont
« aptes à profiter du labourage à la va-
« peur.

« La société donnera un prix, etc. »

Le second de ces prix, qui doit être

donné en 1876, est d'une valeur de 3,000 fr. Il est proposé pour l'invention et la propagation des procédés les plus propres à diminuer les frais de main-d'œuvre de la récolte des céréales.

Les considérants du rapport sur lequel la société a adopté cette proposition sont les suivants :

« L'agriculture manque de bras en
« France, et, à l'époque de la moisson,
« les cultivateurs éprouvent de grandes
« difficultés pour le fauchage et la ren-
« trée des récoltes, etc.....

« Enfin, de grands efforts se font
« pour remplacer la faux, la faucille et
« la serpe par *des machines à vapeur,*
« afin de les faire entrer dans la *pra-*
« *tique générale* des cultivateurs. *Con-*
« *vaincue de l'indispensable nécessité de*
« *leur emploi et pénétrée de l'importance*
« *des grands services qu'elle peut rendre,*
« la société, sans fixer aucune condition
« ni proposer aucun programme, accor-
« dera un prix à celui qui aura le mieux
« satisfait aux conditions exigées par
« les besoins de l'agriculture. »

Enfin, un troisième prix d'une valeur

de 1,000 fr., vient d'être créé par la société des agriculteurs de France, et doit être décerné en 1875, à l'entreprise de moissonnage mécanique qui aura opéré cette année sur la plus grande surface et dans les conditions les plus économiques.

Ces décisions essentielles prises par les sociétés les plus autorisées pour apprécier l'importance de cette grave question, tout en établissant la nécessité de généraliser l'usage de la culture à la vapeur en France, pour assurer le progrès de l'agriculture, ont amené une grande émulation parmi les agriculteurs français. De nombreux essais, faits sur presque tous les points de la France, ont été couronnés partout du plus brillant succès.

Si l'on peut affirmer aujourd'hui que la culture à la vapeur a glorieusement fait ses preuves, il semble opportun d'examiner dans quelles conditions ces preuves ont été faites et l'étendue des progrès que ce système de culture a dernièrement réalisés, ainsi que l'extension remarquable que son emploi a subie depuis quelque temps et tend à prendre tous les jours.

Il importe que, dans un intérêt aussi vaste que celui de la culture économique, rapide et profonde du sol, nous nous mettions tous au courant de la solution de ce problème dans sa mise en pratique et dans ses résultats.

Ces résultats ont été obtenus :

En France :

1° A Evry-sur-Seine, chez M. Paul Decauville, propriétaire de la ferme de Petit-Bourg, l'un des lauréats récompensés par la société d'encouragement, chez lequel les machines n'ont pas cessé de fonctionner depuis 1868 jusqu'en octobre 1870, époque de l'invasion prussienne. Après l'armistice, M. Decauville ramena chez lui les locomobiles dont les prussieus s'étaient emparé pour les employer au transport de leur matériel de guerre et de leur artillerie et qu'ils avaient abandonnées à Juvisy. Depuis cette époque, elles n'ont pas cessé un instant d'être employées dans l'exploitation des vastes cultures dont M. Decauville a la direction.

Le rapport présenté à ce sujet le 23 mars 1873 par M. Hervé-Mangon, le savant rapporteur de la Société d'encouragement, constate que c'est à la perfection du travail de la terre par la vapeur qu'on doit attribuer l'*extrême abondance de production* par hectare, que M. Decauville a obtenu, comparée à celle de ses voisins qui cultivent des terres semblables aux siennes avec les mêmes fumures.,

Parmi les avantages de la culture à la vapeur le rapport signale particulièrement :

1° La facilité de donner les façons au sol dans les temps les plus propices.

2° La suppression du piétinement des terres par les animaux de trait.

3° La possibilité de herser 20 hectares par jour ce qui permet d'entretenir les terres fortes dans un état de propreté parfaite.

4° La réduction, dans un énorme rapport de la main-d'œuvre qui devient chaque jour plus chère et plus difficile à obtenir.

Le labourage à la vapeur occupe à

Petit-Bourg cinq ouvriers seulement qui font l'ouvrage de vingt hommes et soixante chevaux.

M. Decauville, parfaitement édifié par sa grande expérience sur les avantages du labourage à vapeur, s'est décidé à l'installer définitivement dans son exploitation.

(Extrait du rapport de M. Hervé-Mangon, à la Société d'encouragement.)

Voici en outre, en quels termes M. Decauville annonce à M. J. Besset, au mois de novembre 1872, les résultats vraiment extraordinaires qu'il avait obtenus :

« C'est sur la ferme du Petit-Bourg
« qu'a eu lieu, en 1867, le grand con-
« cours international de labourage à la
« vapeur ; et, depuis cette époque, mon
« père, auquel j'étais associé, et aujour-
« d'hui moi tout seul, labourons nos
« terres (400 hectares) à la vapeur.
« Nous les hersons, les roulerons bien-
« tôt (le rouleau arrive ce matin) et es-
« pérons de même les semer et les ré-
« colter avec la même machine.

« Nous supprimons les chevaux de
« labour et rentrons nos récoltes avec
« des bœufs.

« Les roches éparses dans les champs
« cassent quelquefois les charrues, mais
« l'extraction de ces écueils nous don-
« nera toute sécurité et sera comme un
« second drainage de nos terres.

« Les machines servent après le la-
« bour à casser du macadam ou à tout
« autre usage plus ou moins agricole.

« Nous avons obtenu cette année
« comme rendement de blé à l'hectare,
« 37 hectolitres 1/2 ; ce qui n'était ja-
« mais arrivé. Une pièce de 30 hectares
« a même atteint 43 hectolitres.

« Nous ne pouvons attribuer pareil
« résultat qu'à la façon rapide et éner-
« gique avec laquelle toute les façons
« sont données à la terre en temps
« voulu. En résumé, je trouve sous tous
« les rapports les résultats tellement sa-
« tisfaisants, que j'engage tous ceux
« qui ont les capitaux nécessaires à se
« servir du labour à la vapeur. »

2° A Gonesse, chez MM. Tétard frères,
qui ont partagé avec M. Decauville le

grand prix de la Société d'encouragement; lesquels ont obtenu le succès le
plus remarquable dans les conditions les
plus difficiles. Les résultats obtenus sur
cette propriété sont tellement concluants
en faveur de l'application de la culture
à la vapeur, que je crois important de
citer encore le rapport de M. Hervé-
Mangon :

« Le 6 septembre 1870, ces messieurs,
« chassés par la menace de l'invasion,
« furent obligés par ordre supérieur, de
« se réfugier à Paris et d'y amener tout
« leur bétail, pendant que leurs récoltes
« et leurs produits en magasin étaient
« livrés aux flammes.

« Après le siége, il ne restait à MM.
« Tétard que sept chevaux sur les cent
« soixante-sept animaux amenés à Paris.
« Ces messieurs s'empressèrent cepen-
« dant de retourner à Gonesse; mais
« leur ferme était occupée par les Prus-
« siens, qui ne les laissèrent pas s'ins-
« taller et qui, en partant, volèrent tout
« ce qui s'y trouvait jusqu'à la litière
« qui pouvait y rester encore.

« Le 1er avril 1871, un changement

« de garnison ennemie leur permit en-
« fin d'occuper une petite partie de
« leurs bâtiments; mais que faire au
« mois d'avril, sans un hectare de terre
« labourée, sans ensemencements, ni
« d'automne ni de printemps, sans ani-
« maux, sans fourrages, au milieu d'un
« pays ravagé par l'ennemi et où sévis-
« sait avec violence la peste bovine ?

« MM. Tétard ne perdirent pas cou-
« rage : ils commandèrent en Angle-
« terre un appareil à vapeur de M.
« Fowler, qui devait leur être immédia-
« tement livré ; mais les événements de
« Paris, ôtaient toute confiance au com-
« merce extérieur ; la maison Fowler
« hésitait à livrer. L'un des associés dut
« aller lui-même en Angleterre et solder
« le second tiers du prix pour pouvoir
« enfin faire terminer les appareils.

« Le temps, au milieu de ces difficul-
« tés de toute sorte, s'écoulait rapide-
« ment. Les appareils de labourage à
« vapeur commencèrent seulement à
« travailler le 18 Mai 1871. — Il est
« important de remarquer cette date.

« — Mais grâce à l'admirable puissance

« de ces appareils, grâce aussi, hâtons-
« nous de le dire, à leur inépuisable
« énergie, MM. Tétard, *en un seul mois,*
« en travaillant sans interruption de
« trois heures du matin à huit heures
« du soir, car la vapeur ne se fatigue pas
« comme les chevaux, purent préparer et
« ensemencer dans de bonnes condi-
« tions, 240 hectares de betteraves. .
« Leur campagne sucrière était dès lors
« assurée, et ils affirment que *la valeur*
« *de leur appareil était payée par cet im-*
« *mense résultat.*

« Dès les mois d'août et septembre
« suivants, les appareils de labourage à
« vapeur reprirent leur tâche pour pré-
« parer les terres, dont une partie était
« forcément restée en jachère, pour
« les ensemencements d'automne. Le
« travail de la vapeur permit heureuse-
« ment de n'acheter à l'automne que la
« moitié du nombre de bœufs ordinaire-
« ment employés, car les soixante-dix
« bœufs nécessaires aux transports
« mouraient du typhus au commence-
« ment de janvier.

« Les travaux se firent sans difficulté

« en 1872, et dès les premiers jours de
« mai, 217 héctares étaient ensemen-
« cées en betteraves.

« Les pluies diluviennes de l'au-
« tomne 1872 devaient fournir aux ap-
« pareils de culture à la vapeur, entre
« les mains intelligentes de MM. Tétard,
« l'occasion d'un nouvel et éclatant
« succès.

« Dès le mois de novembre, le sol se
« trouvait tellement détrempé qu'il était
« impossible de sortir les betteraves des
« champs; 16 ou 18 bœufs ne pou-
« vaient pas tirer dans les terres mouil-
« lées une voiture chargée de 2,000 ki-
« los de racines; la sucrerie allait s'ar-
« rêter, faute de matières premières. On
« fit encore appel à la vapeur. La loco-
« mobile se plaçait sur le chemin qui
« borde la pièce de terre, deux ou trois
« paires de bœufs déroulaient le câble
« et portaient son extrémité libre auprès
« du tombereau chargé. On attelait le
« câble à la flèche de la voiture et l'on
« mettait en mouvement le treuil de la
« locomobile. La voiture cédait à cet
« énergique effort, et, comme la vitesse

« est très-grande, elle roulait sur le sol,
« si mou qu'il fût, sans avoir le temps
« de s'y enfoncer, et arrivait sans peine
« jusqu'à la route, où on la confiait à
« son attelage ordinaire.

« Le poids moyen de l'ensemble du
« tombereau et des betteraves est de
« 5,800 kilogrammes. On pourrait très-
« bien, si l'on voulait, sortir deux tom-
« bereaux à la fois, dont l'un serait at-
« taché à l'autre. C'est ce que l'on fait
« quand deux sont prêts ensemble.

« On peut juger de l'immense service
« que rendent ainsi les machines à va-
« peur ; et il faut remarquer que quand
« bien même on ne serait pas fabricant
« de sucre, on pourrait avoir aussi un
« intérêt capital à braver le mauvais
« temps et à sortir du champ les récol-
« tes, malgré ses rigueurs.

« Nous continuons et nous continue-
« rons toujours, disent MM. Tétard, à
« nous servir de l'appareil à vapeur ;
« avec lui : *Suppression de la moitié des*
« *animaux de travail, remplacés par des*
« *animaux de vente ; ce qui, vu le prix*
« *élevé de la viande, est une excellente*

« *opération*. Avec lui : *plus de retard*
« *dans les travaux des champs*, qui se
« font maintenant par tous les temps ;
« avec lui enfin : *augmentation des ré-*
« *coltes, amélioration des terres*, etc. etc. »

(*Extrait du rapport de M. Hervé-*
Mangon, à la Société d'encoura-
gement.)

3° A Coutançon, chez M. Robert
Pepin-Lehalleur, où l'usage de la culture
à vapeur est établi depuis 1861 et où,
malgré la nature du sol, qui est argi-
lo-siliceux, où l'argile domine beaucoup,
très-parsemé de roches très-grosses, à
une faible profondeur, les résultats obtenus sont des plus satisfaisants, ainsi
que le constate la communication faite
le 13 janvier 1873, par M. Pepin-
Lehalleur à la Société des agriculteurs
de France, dans laquelle il détaille ces
résultats, et il ajoute :

« Dans les trois dernières années de
« notre exploitation, je me suis servi de
« notre appareil pour faire les scari-
« fiages légers et des hersages ; j'ai ob-
« tenu alors les résultats les plus satis-
« faisants, par suite d'une vitesse bien

« plus grande et bien plus régulière.
« Mais l'utilité de la culture à vapeur se
« manifesterait bien davantage dans les
« façons à grande profondeur. C'est
« vers la perfection de ce genre de ser-
« vice que doivent tendre, je crois, tous
« les efforts. Honneur au courageux
« agronome qui s'attachera à cette noble
« tâche? A la gloire du succès se joindra
« pour lui la satisfaction d'avoir fait
« faire un pas immense à l'agriculture,
« cette industrie mère de toutes les au-
« tres.

« M. Pepin-Lehalleur ajoute encore
« qu'outre les façons données à la terre,
« il utilise sa machine à vapeur pour le
« service de sa distillerie et de ses bat-
« tages. Il utilise même l'échappement
« de sa machine à l'intérieur, pour le
« chauffage de sa colonne de distilla-
« tion, etc. »

(Extrait du rapport sur le labou-
rage à vapeur, par M. Liébaut,
rapporteur de la Société des
agriculteurs de France.)

4° Au château du Deffand (Allier),
dont le propriétaire, M. Achille Farjas,

a transmis à M. le rapporteur de la Société des agriculteurs les renseignements suivants :

« La propriété se compose de 150
« hectares ; les pièces de terre ont une
« étendue de 14 à 15 hectares. Le sol de
« la terre du Deffand a peu de profon-
« deur, on n'y trouve que de l'argile,
« du sable et des cailloux. Ce sol change
« de nature d'une pièce à l'autre, et
« souvent même très-argileux par place,
« et devient quelques pas plus loin,
« très-sablonneux et couvert de cail-
« loux. L'élément calcaire fait complé-
« tement défaut.

« Le sous-sol qui se rencontre à 30
« ou 40 centimètres de profondeur, se
« compose de cailloux roulés, de ga-
« lets très-tassés et réunis ensemble par
« un espèce de ciment. Il peut être com-
« paré à une couche de béton ou à une
« aire de grange fortement battue. Ce
« sous-sol est complétement imper-
« méable. Les résultats généraux obte-
« nus sur cette propriété sont d'une
« grande importance : assainissement,
« aération, perméabilité des terres, vé-

« gétation beaucoup plus vigoureuse,
« augmentation considérable des ré-
« coltes, culture de la betterave rendue
« possible et rémunératrice, création de
« prairies artificielles, trèfle, luzerne,
« sainfoin, etc.

« Nous reproduisons textuellement
« l'article 20 de la note envoyée par M.
« Farjas à la Société des agriculteurs de
« France.

« La culture à vapeur, par son éner-
« gie et sa puissance rend de très-
« grands services dans le travail des
« terres dures et à sous-sol imper-
« méable. Elle est à mon avis le moyen
« le plus économique d'arriver vite à de
« bons résultats financiers. C'est en 1868
« que je conçus la résolution d'acheter
« un appareil. Le prix d'achat, 30,000 fr.,
« me faisait bien un peu réfléchir, mais
« j'avais l'espoir de retirer de mes avan-
« ces un produit tellement rémunérateur
« que je fis la commande de mon ap-
« pareil.

« Le resultat a dépassé mes espé-
« rances. La betterave qui, malgré mes
« essais réitérés, ne pouvait que diffi-

« cilement végéter dans mon sol ingrat.
« et qui ne produisait que 16 à 17,000
« kilogrammes à l'hectare, rend main-
« tenant en moyenne de 30 à 32,000 ki-
« logrammes. Le froment donne 24 hec-
« tolitres. L'avoine donne de 40 à 45.
« La luzerne a pu être semée utilement
« sur une étendue de 20 hectares.

« La réforme de mes écuries a été ra-
« dicale. J'ai vendu mes chevaux, et les
« frais de culture, malgré l'accroisse-
« ment des denrées et en comprenant
« l'intérêt et l'amortissement du prix de
« l'appareil, évalués à 45 fr. par jour-
« née de travail, n'ont pas dépassé les
« frais antérieurs.

« Les bestiaux n'étant plus assujettis
« aux travaux les plus pénibles, ont
« donné à la boucherie la somme de
« viande qu'ils perdaient autrefois dans
« un labeur ingrat.

« Depuis l'introduction de la culture
« à vapeur, la terre du Deffant a changé
« complétement d'aspect ; et, de l'avis
« général, elle est placée maintenant au
« rang des meilleures propriétés du
« pays. »

(Extrait du Rapport de M. Liébaut.)

Ces quelques citations paraîtront assurément suffisantes pour démontrer que les résultats obtenus en France par l'application de la vapeur à la culture, sont d'une importance considérable, et que les avantages de ce système sont aujourd'hui appréciés à leur juste valeur. Il serait donc superflu de les multiplier. Ajoutons seulement que le rapport de M. Liébaut constate que partout les résultats ont été les mêmes et que ce système est surtout avantageux au point de vue de l'augmentation des récoltes, de l'amélioration des terres et de la diminution des frais de culture et de main-d'œuvre.

Il reste maintenant à faire connaître les résultats obtenus en Algérie et dans quelques pays étrangers, afin de bien établir que l'emploi de la vapeur dans les champs est incessamment et universellement reconnu nécessaire au progrès de l'agriculture de tous les climats et de tous les pays.

En ce qui concerne l'Algérie, les résultats obtenus sont constatés par la lettre suivante de M. Eugène Tisserand,

inspecteur général de l'agriculture et
et ancien directeur du domaine de Boukandoura, dont on connaît la haute
compétence et la science agronomique.

Paris, le 30 janvier 1874.

Monsieur Besset,

Vous m'avez demandé quelques renseignements sur les résultats de l'application
de la culture à vapeur, à l'exploitation du
sol en Algérie. Les voici en peu de mots :

1º Augmentation de 50 pour cent pour le
rendement du froment.

2º Récolte plus certaine, plus à l'abri de
l'humidité excessive et de la sécheresse par
suite de la grande porosité donnée au sol.

3º Facilité et pouvoir de labourer pendant
la plus grande partie de l'année avec des
bœufs, l'année qui a suivi le défoncement.

4º Défoncement plus économique qu'avec
les chevaux et les bœufs ; mais le labour à
vapeur superficiel est moins économique
que celui qui est fait avec les bœufs.

Tels sont les résultats généraux de la
culture à vapeur tels qu'ils ont été constatés au domaine de Boukandoura en 1868,
1869 et 1870.

Malheureusement, ces expériences n'ont
duré que deux ans. La Révolution du 4
septembre est arrivée, et les appareils de

culture à vapeur ont été vendus par ordre du gouvernement de Tours.

Mon plan d'exploitation était celui-ci :

(*Suivent les détails de l'exploitation.*)

Par cette culture, j'espérais arriver à faire de la luzerne et du fourrage sur les deux tiers du domaine et des céréales sur l'autre tiers.

A être toujours sûr des récoltes, n'ayant plus à redouter la pluie et les sécheresses extrêmes, grâce à l'hygroscapicité due à l'approfondissement de la couche arable.

J'espérais arriver à récolter le double de blé et d'orge, et pouvoir, de plus, chaque année, engraisser avec les fourrages produits et un peu de tourteau, un nombre considérable de bœufs achetés maigres.

Malheureusement, je déplore que dans l'intérêt de l'Algérie, cette grande expérimentation n'ait pu suivre son cours. Je crois qu'il en serait résulté un très-sérieux enseignement pour la colonie.

Agréez, Monsieur, etc.

Signé : Eugène Tisserand.

Pour les résultats généraux de la culture à vapeur, voyez les brochures de M. de la Tréhonnais.

2° D'un autre côté, M. le vicomte de Richmont, qui emploie depuis six ans un appareil à vapeur dans la Mitidja, écrivait à la date du 5 février 1873, à M. le rapporteur de la Société des agriculteurs de France, qu'il était de plus en plus satisfait des services que lui rend cet appareil et de l'abondance des récoltes qu'il obtient par ce système de culture.

(Rapport Liébaut.)

M. Boitel, membre de la Société des agriculteurs de France, a constaté qu'un appareil installé depuis plusieurs années dans un pénitencier en Corse, donnait les meilleurs résultats.

(Rapport Liébaut.)

En Angleterre, les résultats sont bien plus considérables qu'en France, si l'on en juge d'après l'extension qu'y a pris ce mode de culture. Pour le démontrer par des faits, M. de la Tréhonnais dont on connaît les importants travaux sur l'agriculture, a publié dans le *Journal de Paris* du 12 octobre 1873, le compte-rendu des dernières réunions des Sociétés anglaises coopératives et spéculatives de labourage à vapeur; duquel il résulte :

« Qu'il y a aujourd'hui environ 1,500
« appareils de culture à vapeur en pleine
« activité en Angleterre ; et il s'en livre
« tous les ans deux cents par les cons-
« tructeurs. L'économie réalisée par
« chaque appareil peut être, sans la
« moindre exagération, évaluée à 7,500
« francs, ce qui, pour les 1,500 appa-
« reils actuellement en travail représente
« une somme de 11 millions 250 mille
« francs, dont bénéficie immédiatement
« l'agriculture anglaise, car le coût de la
« production de ses récoltes se trouve
« diminué d'autant.

« On estime que le labourage à la
« vapeur peut s'appliquer en Angleterre
« à 535,000 exploitations. Or, en calcu-
« lant que chaque exploitation, par
« suite de l'emploi de la vapeur, puisse
« éliminer deux chevaux de ses atte-
« lages actuels, cette seule économie,
« au prix que ces animaux atteignent
« aujourd'hui, ajouterait au capital du
« fermier une somme d'au moins 1,500 fr.,
« soit pour les 535,000 fermes, un capi-
« tal de plus de 800 millions. Mais si
« ces avantages directs, c'est-à-dire

« ceux qui ressortent de l'économie
« dans le coût des travaux des champs
« auxquels la vapeur peut s'appliquer,
« comme le labour, le hersage, le sar-
« clage, l'ensemencement et ceux non
« moins importants provenant du sur-
« croît de capital fourni par la diminu-
« tion dans le nombre des animaux de
« trait, sont si considérables, les avan-
« tages indirects produits par l'emploi
« de la vapeur dans les champs le sont
« bien davantage. On a calculé que la
« culture plus profonde du sol que le
« labourage seul peut rendre possible,
« en multipliant, dans une proportion
« géométrique, les surfaces nutritives
« de la couche arable, donne une aug-
« mentation moyenne de 30 pour cent
« dans la production des récoltes ; ce
« qui, pour l'agriculture anglaise, dont,
« à surface égale, la moyenne de pro-
« duction est le double de celle de la
« France, donnerait une augmentation
« de produits dont la valeur dépasse un
« milliard par an.

« Cette conclusion seule doit suffire pour
« démontrer l'immense avantage de

« l'emploi de la force mécanique substi-
« tuée à la force musculaire dans les
« travaux de l'agriculture, car il reste
« prouvé qu'avec des labours profonds,
« un lit de semence bien pulvérisé, les
« surfaces nutritives ainsi multipliées
« et une couche arable rendue absor-
« bante et pénétrable à une plus grande
« profondeur, on est assuré d'une ré-
« colte moyenne dans les années défa-
« vorables et d'un maximum de pro-
« duction dans les années favorables. »

(De la Tréhonnais. — *La Vapeur
dans les Champs.*)

Ces résultats sont d'autant plus considérables qu'il y a lieu de tenir compte à
l'Angleterre de sa situation atmosphé-
rique, laquelle la rend, pour ainsi dire,
tributaire des vents et des brouillards
de la mer du Nord, qui brûlent tout sur
leur passage quand ils sévissent avec
intensité, et font souvent perdre à l'a-
griculture anglaise le produit des récoltes de toute une année.

En Autriche, les avantages de la culture à la vapeur se sont également mar-

festés d'une façon éclatante, et il résulte des déclarations faites par M. l'intendant des domaines de feu M. le prince d'Albretsch, que, depuis l'introduction de la vapeur dans l'exploitation de ces domaines, l'augmentation des récoltes a été considérable et que, notamment, le rendement des betteraves a augmenté de 75 pour cent; et qu'enfin les terres se sont considérablement améliorées.

En ce qui concerne l'Allemagne, M. de la Tréhonnais cite le fait suivant :

« M. Robert Fowler, le chef de la « maison qui fournit le plus grand « nombre d'appareils de culture à vapeur, m'assurait, il y a quelque temps, « qu'il résultait d'expériences faites par « lui en Allemagne, chez un grand « nombre de fabricants de sucre, que le « rendement des betteraves avait été « jusqu'à 40 pour cent plus grand sur « la partie du même champ cultivée « à la vapeur que sur celle cultivée simultanément avec des bœufs ou des « chevaux; et il m'exprimait son étonnement que, devant un résultat pareil, « les agriculteurs du nord de la France

« ne s'empressassent pas d'adopter un
« système de culture dont les avantages
« directs, au point de vue de la produc-
« tion et de l'économie des moyens,
« sont si manifestes et si importants. »

Il est donc évident que, partout où il
a été expérimenté, le labourage à la vapeur a prouvé sa supériorité, et toutes
les puissances étrangères, en reconnais-
sant que sa vulgarisation constitue une
véritable révolution agronomique et deviendra le point de départ de richesses
nouvelles, s'occupent activement d'étudier les moyens les plus prompts et les
plus efficaces pour favoriser son application générale.

II

Résultats généraux des expériences.

Les résultats généraux obtenus partout où le labourage à la vapeur a été
appliqué peuvent se résumer de la manière suivante :

1° *Rapidité du labour et autres travaux des champs.*

L'économie de temps est un des effets
les plus appréciables de l'emploi de la

vapeur. Les travaux du sol étant plus promptement, plus économiquement et mieux faits, les autres opérations accessoires de la culture s'en ressentent ; car la rapidité dans les opérations agricoles a pour conséquences l'exactitude, la sûreté du coup d'œil et la confiance dans le succès.

Cette même rapidité de culture rend, pour ainsi dire, l'agriculteur maître des saisons, en lui permettant d'utiliser tous les agents atmosphériques, ce qui ne peut avoir lieu pour les lentes opérations du labour à la charrue. Ce dernier mode exige un charretier pour deux ou trois chevaux, et un bouvier par paire de bœufs, ce qui entraîne une main-d'œuvre considérable. Les machines fonctionnent avec deux mécaniciens et un ouvrier, et terminent leur besogne à heure fixe. Et tandis que le labour d'un hectare effectué par des attelages demande deux à trois journées d'ouvriers, le labour à vapeur le fait en quelques heures.

Le labour à vapeur a donc l'avantage de la célérité et de la précision.

Les expériences faites à Petit-Bourg et à Gonesse, établissent ainsi qu'il suit la somme de travail que peut produire un appareil.

A Petit-Bourg, voici la déclaration de M. Decauville pour l'année 1872 :

Pendant cette année, nous avons travaillé 139 journées de 10 heures en moyenne, et nous avons produit comme travail :

Labours	177 h.	75
Cultivateur . . .	139	39
Hersage à deux dents	340	23
Soit un total de	657 h.	37

Ce qui donne une moyenne par journée de travail de 4 hectares 72 ares 7 centiares.

A Gonesse, les appareils ont préparé en 33 journées de travail de 17 heures chacune, une étendue de 240 hectares ; ce qui donne une moyenne de 10 hectares 1/2 environ par jour.

Il est vrai que c'est là un maximum qui n'est dû qu'aux conditions exceptionnelles dans lesquelles se trouvaient MM. Tétard à l'époque où ils ont fait l'acquisition de leur appareil. Mais dans les conditions normales, ils ont établi ainsi qu'il suit la somme de travail obtenue par eux.

« La charrue à six socs a labouré pendant 45 jours à une profondeur de 180 à 250 millimètres. Ce travail se fait en moyenne à raison de 42 ares à l'heure.

« La charrue à trois socs a labouré pendant 82 jours à une profondeur de 32 à 35 centimètres. Ce travail se fait à raison de 32 ares à l'heure. »

Or, si l'on considère que les machines peuvent être utilisées, non-seulement aux labours, mais encore aux autres travaux tels que les binages, les sarclages, les hersages, l'éclaircissement et l'isolement des plantes, leur arrachage et surtout le moissonnage et les battages, on acquiert la certitude que l'emploi de la vapeur permet à l'agriculteur d'exécuter tous ses travaux sans aucun retard et par tous les temps.

En ce qui concerne les travaux de la moisson et la rapidité avec laquelle ils peuvent être exécutés, M. de la Tréhonnais établit dans une savante et très-récente étude, relatée plus loin, que l'année dernière, d'après les statistiques officielles, on a compté jusqu'à 40,000 moissonneuses en travail en Angleterre et que ces machines ont coupé toutes les moissons en quinze jours seulement. Cet éminent écrivain en conclut qu'avec 100,000 moissonneuses, toutes les récoltes de la France pourraient être coupées et javelées en douze jours.

Or, en songeant que le retard apporté dans les travaux de la moisson peut compromettre une partie de la récolte, on voit combien cette question de la rapidité du travail est importante pour les agriculteurs.

2° Augmentation des récoltes.

Ce point, qui est sans contredit le plus important, a été constaté par tous les agriculteurs qui ont employé la vapeur, et on a vu au paragraphe précédent, que ce résultat avait été obtenu quels que soient les pays où les expériences ont été faites.

M. Tisserand constate par la lettre reproduite plus haut que cette augmentation est de 50 pour cent sur le froment ; et il ajoute que s'il eût pu continuer l'emploi de la vapeur dans le domaine dont il avait la direction, il serait arrivé à doubler la production en blé et en orge.

A Petit-Bourg, M. Decauville a obtenu en 1872 un rendement de 43 hectolitres de blé par hectare, ce qui représente presque le double de la moyenne ordinaire.

A Gonesse, MM. Tétard ont obtenu en 1871, sur 240 hectares de terrain cultivé, une récolte tellement abondante que le bénéfice réalisé a été suffisant pour payer leur appareil.

Afin de se rendre compte de l'importance de ce résultat, il importe que l'on sache que le prix des appareils employés chez ces messieurs est de 60.000 francs environ.

Au château du Deffand, M. Farjas a doublé sa production habituelle qui n'était, ainsi qu'il l'a déclaré lui-même, que de 16,000 kilos de betteraves par hectare, et qui atteint aujourd'hui une moyenne de 32,000 kilos.

En Autriche, chez le prince d'Albretsch, la recolte en betteraves a augmenté de 75 pour cent.

En Prusse, cette augmentation est de 40 pour cent.

Et enfin, en Angleterre, on a calculé que l'application des machines à l'agriculture produisait au cultivateur un bénéfice net de 40 pour cent.

Il est donc évident que, partout, cet accroissement de production s'est développé d'une façon notable, et l'on remarquera que, déjà très-considérable pour les céréales, il l'est bien plus encore pour les tubercules, les racines et surtout les betteraves ; ce qui doit avoir une influence énorme pour l'extension de l'industrie sucrière en France.

3° Réduction des frais de culture et de main-d'œuvre.

Dans toutes les exploitations où la vapeur est appliquée, les dépenses de culture et de main-d'œuvre sont notablement réduites. Cette réduction peut être évaluée en moyenne au tiers des prix actuels.

Elle peut être facile à prouver d'après les nombreux chiffres recueillis par M. Liébaut, le savant rapporteur de la Socété des agriculteurs de France.

Par l'examen des livres du Petit-Bourg, nous arrivons à ce résultat :
Les labours à la va-.

peur coûtent. . .	37 fr. 50	l'hectare
Les façons cultivateur	22 50	—
Le hersage à deux dents	15 » »	—
	75 fr. » »	

Avec les chevaux on comptait :

Les labours.	50 fr. » »	l'hectare
Les façons cultivateur	30 ' » »	—
Le hersage.	20 » »	—
	100 fr. » »	

Soit une réduction de 25 pour cent.

La différence de prix entre ces travaux a été établie à la suite d'expériences faites par M. Thaislwal, ingénieur de la maison Fowler, qui a passé l'année 1868 à Petit-Bourg pour organiser le labourage à la vapeur.

A Gonesse, la différence est beaucoup plus sensible.

Ainsi, du 10 mai au 10 juin 1871, le prix de revient à l'hectare a été de 13 fr. 87 au lieu de 40 fr.

Et du 5 septembre 1871 au 2 mai 1872, ce prix a été de 10 fr. 69 au lieu de 25 fr.

Soit une réduction de 65 pour cent par an.

On voit qu'en évaluant à un tiers seulement la diminution du prix de main-d'œuvre, on reste bien au-dessous de la moyenne.

Il est facile, d'après ces données, d'établir le montant des économies réalisées annuellement sur les frais de main-d'œuvre dans ces deux exploitations.

L'étendue de la ferme de Petit-Bourg est de 400 hectares.

L'économie réalisée sur les labours est de 12 fr. 50 par hectare, soit, pour 400 hectares. . . . .   5,000 fr.

Celle réalisée sur les façons cultivateur de 7 fr. 50, soit. . . . .   3,000 —

Et enfin, celle résultant du hersage de 5 fr., soit. .   2,000 —

Ce qui constitue une économie annuelle de. . . . .   10,000 fr.

A Gonesse, nous avons vu que, du 18 mai au 18 juin 1871, il a été cultivé 240 hectares à raison de 13 fr. 87 au lieu de 40 fr., ce qui donne une différence par hectare de 26 fr. 13, et un produit de. . . . . 6,271 fr. 20

Et du 5 septembre 1871 au 2 mai 1872, il a été cultivé 217 hectares au prix de 10 fr. 69 au lieu de 25 fr., soit une différence de 14 fr. 31 par hectare, ce qui donne un produit de. 3,105   27

Et représente pour 1871 une économie totale de. . 9,376 fr. 47

Si maintenant l'on calcule sur l'étendue totale de la ferme de Gonesse, qui est de 495 hectares ; la différence de prix étant en moyenne, par hectare, de 40.44, l'économie annuelle représenterait une somme de 20,017 fr. 80.

L'importance de cette réduction de frais est considérable, si l'on considère qu'elle constitue le premier bénéfice du cultivateur et surtout que le coût de la production se trouve diminué d'autant.

4° *Economie résultant de la réduction du nombre de chevaux de trait et de labour.*

Cette économie peut être également d'une grande importance, car M. Reed, rapporteur à l'une des commissions de la Société royale d'agriculture anglaise, admettait que la présence d'une machine à vapeur sur une exploitation devait réduire le nombre des chevaux de 2 ou de 2 1/2 par 50 hectares ; ce qui, au prix actuel de ces animaux, constitue une économie de 2,000 fr. environ pour le cultivateur, par chaque parcelle de 50 hectares, et il est certain que plus l'exploitation est étendue, plus s'accroîtra la proportion dans laquelle pourra se faire cette réduction.

Et on a vu plus haut que M. de la Tréhonnais estime que cette économie représente pour l'agriculture anglaise un capital de plus de 800 millions de francs. (*La Vapeur dans les champs,* Journal de Paris, 12 octobre 1873.)

On peut, d'après cela, se rendre compte de l'importance que cette économie aura pour l'agriculture française, et l'influence considérable que la réduction dans les chevaux de labour ou de traction rurale et vicinale aura sur l'industrie de l'élevage et le commerce des chevaux, ainsi que sur l'amélioration de la race chevaline.

5° *Amélioration des terres.*

Au point de vue de l'amélioration des terres, la question ne saurait faire aucun doute ; et cet avantage de la culture à la vapeur est un de ceux qui ont le plus frappé les agriculteurs qui en ont fait usage et les agronomes qui se sont occupés de cette intéressante question.

Le journal la *Liberté* du 12 mars 1874 s'exprime ainsi à ce sujet, dans un article intitulé : *Les enquêtes sur le labourage à la vapeur.*

« Les commissions anglaises classant
« les fermes en trois catégories : terres
« fortes, terres moyennes et terres lé-
« gères, déclarent que les avantages
« pour les deux premières catégories
« sont incontestables. Des labours plus
« profonds que ceux fournis par les
« chevaux apportent des modifications
« radicales dans l'état physique du

« sol, rendent le drainage plus effi-
« cace, donnent plus d'action aux
« engrais et mettent en jeu cer-
« taines propriétés du sol qui dévelop-
« pent considérablement sa fertilité.
« Des terres qui se refusent à produire
« des racines en produisent et nour-
« rissent des moutons ; les façons sont
« épargnées et la croissance de toutes
« les récoltes y gagne.

« On croyait généralement que les
« terres légères, qui se labourent facile-
« ment avec une paire de chevaux, ne
« se prêteraient pas à l'emploi de la
« vapeur. Les enquêtes anglaises ont
« prouvé le contraire. Les labours pro-
» fonds, qui assainissent les sols hu-
« mides dans la saison pluvieuse,
« assainissent également les sols légers
« pendant la sécheresse. Bien qu'un
« sol léger ne puisse pas profiter autant
« qu'un sol humide quand il a été re-
« tourné, il profite également d'un dé-
« foncement profond. »

Dans son rapport sur le labourage à
la vapeur, M. Liébaut dit :

« En effet, la culture à vapeur est

« principalement avantageuse au point
« de vue de l'amélioration du sol ; l'é-
« paisseur de la couche arable est no-
« tamment augmentée par ces appareils
« qui permettent les labours profonds.
« La culture de la vigne a été rendue
« possible dans des terrains où elle
« n'aurait jamais paru sans cela. Les dé-
« foncements exigent de grands atte-
« lages d'animaux qui piétinent le sol
« et forment un mauvais sous-sol, tan-
« dis qu'avec la vapeur, le sol conserve
« tout son foisonnement. Les défonce-
« ments amendent souvent le sol par le
« sous-sol, garantissent la couche culti-
« vable contre les excès de sécheresse et
« d'humidité, favorisent les fortes fu-
« mures et, par suite, procurent des
« récoltes plus abondantes.

« M. Leconteux cite ce fait : que la
« Sologne est un sol silicieux sur un
« sous-sol argileux ou glaiseux imper-
« méable ; avec des labours superficiels,
« l'engrais enfoui dans les terres em-
« blavées est soumis au rouissage d'hi-
« ver, ainsi que les racines ; puis en été,
« il y a excès de sécheresse.

« Les labours profonds, qui mélan-
« gent le sable et l'argile et drainent
« la terre, sont donc indiqués pour ce
« pays. »   (*Rapport Liébaut.*)

Enfin, M. Louis Hervé, directeur du
Journal des Campagnes, dont la compétence, en matière agricole, est généralement reconnue, s'occupe également,
dans une intéressante étude sur le labourage à la vapeur en France, de son
application au point de vue de l'amélioration des terres.

« En ce qui concerne les labours, dit-
« il, la vapeur opère plus vite, plus pro-
« fondément, plus régulièrement que
« les meilleures charrues. Elle épargne à
« chaque hectare de terre environ 75
« mille empreintes de pas de cheval qui,
« dans les terres un peu mouillées,
« constituent environ un tiers de la su-
« perficie à un état de plastique imper-
« méable, où très-souvent les plantes
« viennent fort mal. »

(*Journal des Campagnes*, 11 *avril* 1874.)

6° *Transformation des animaux de travail en bétail de vente ou de consommation.*

Le prix de la viande de boucherie, croissant depuis quelques années dans des proportions considérables, on se préoccupe à bon droit de sa production sur une plus grande échelle.

Car la première des causes qui ont amené l'augmentation du prix de. la viande sur nos marchés est assurément le développement de la consommation, que la production de notre agriculture, bien que stimulée par un prix très-rémunératenr, ne peut plus satisfaire. Il est donc important de rechercher les moyens d'étendre en France l'industrie de l'élevage et de l'engraissement du bétail. Or, il est constaté que l'emploi des machines en agriculture, permet de transformer la majeure partie des animaux de travail en bétail de vente ou de consommation ; ce qui constitue une excellente opération au point de vue des engrais et des bénéfices, et ainsi que le déclare M. Achille Farjas :

« Les bestiaux n'étant plus assujettis

« aux travaux les plus pénibles, don-
« nent à la boucherie la somme de
« viande qu'ils perdaient autrefois dans
« un labeur ingrat. »

M. Tisserand, dans sa lettre du 30
janvier, signale également ce fait :

« Que l'application de la culture à
« vapeur, dans l'exploitation du do-
« maine qu'il administrait en Algérie
« lui aurait permis, s'il avait pu la con-
« tinuer, d'élever et d'engraisser avec
« les fourrages produits de ce domaine,
« un nombre considérable de bœufs. »

Cette question de l'élevage des bestiaux au point de vue de la prospérité
agricole du pays, est d'une telle importance, qu'un grand nombre d'écrivains et d'économistes se sont attachés
à démontrer la nécessité du développement de cette industrie ; et l'un d'eux,
M. de La Tréhonnais, dans une étude
remarquable sur la production et la consommation de la viande de boucherie,
fait cette intéressante comparaison :

« Je vais examiner d'abord, et cela
« comparativement, quelle est la con-
« sommation de la viande dans diver-

« pays, et dans quelle part la produc-
« tion de chaqne pays contribue à cette
« consommation.

« Le tableau suivant que j'emprunte
« aux essais de, M. Fowler, dans la
« *Comtemporary-Rewiew* de 1872, et
« dans les publications du *Cobden-Club*
« de la même année, représente la pro-
« duction de la nourriture de la popu-
« lation tout entière. Cette statistique,
« puisée aux sources les plus authenti-
« ques, peut être considérée comme
« suffisamment exacte pour servir de
« base sérieuse aux arguments qu'on
« peut en déduire.

	Population rurale comparée à celle des villes.	Production moyenne des céréales à l'hectare.
	pour cent.	hectolitres.
Russie d'Europe	85,90	16
Italie	77	16
France	51 (1)	15 5
Belgique	51	19 3

(1) Ce chiffre représente la population des campagnes et non celle occupée aux travaux agricoles, qui n'est que de 25 pour 100 de la population totale.

Prusse	45	19 8
Autriche	25	16
Espagne	25	16
Hollande	16	23
Angleterre . . .	12	25 5

« On voit par ce tableau que les pays
« les plus prospères sont ceux dont la
« population agricole est en moindre
« proportion, car c'est cette classe de la
« population qui produit la nourriture
« des autres. Or, comme la population
« agricole consomme elle-même une
« partie de la nourriture qu'elle a pro-
« duit, dans le pays où cette population
« est nombreuse et la production agri-
« cole restreinte, comme en France, par
« exemple, il en résulte que le surplus
« ne suffit plus à l'entretien de ceux
« qui consomment la nourriture sans la
« produire, et dont la consommation
« est, en général, de beaucoup supé-
« rieure, surtout en viande, à celle de
« la population rurale.

« Ce tableau dénote en outre un fait
« bien humiliant pour notre agriculture.
« C'est que c'est en France que le mi-
« nimum de production est atteint.

« Le tableau suivant que j'emprunte
« au remarquable travail de M. Jenkins,
« le savant secrétaire de la Société
« royale d'agriculture de l'Angleterre,
« sur la grande et petite culture, nous
« montre, d'un autre côté, quelle est la
« population par 100 acres (40 hectares)
« avec le nombre d'animaux de trait et
« de somme; c'est-à-dire le nombre de
« consommateurs, hommes et animaux,
« pour une surface donnée, comparé à
« celui des animaux producteurs de
« viande.

*Population et quantité de bétail par
40 hectares de terre cultivée.*

Consommateurs : hommes et animaux.

	Population humaine.	Chevaux et bêtes de somme.
Grande-Bretagne	85	7
Irlande	34	3 1/2
Belgique.	88	5
Hollande	72	5
France.	40	2 1/2

Animaux producteurs de viande.

	Espèce bovine.	Moutons.	Porcs.
Gr.-Bretagne	17.3	89	8.1
Irlande . . .	25.3	27	10.3
Belgique. . .	22.6	10.6	11.5
Hollande . .	27.4	18	5.8
France . . .	12.3	30	5.7

« Ces chiffres ont pour nous une bien
« triste éloquence; si les produits de
« notre sol ne consistaient qu'en cé-
« réales et en bestiaux, nous serions re-
« légués au plus bas échelon de la
« prospérité agricole.

« Heureusement que la nature vient à
« l'aide de notre infime production des
« nécessités de la vie, en nous donnant
« le monopole de nos vignobles que, ni
« la science, ni la richesse de nos voi-
« sins ne peuvent créer chez eux. Sans
« cette source de richesse inhérente à
« notre sol et à notre climat, la produc-
« tion agricole de la France ne suffirait
« point à supporter les charges du pays,
« ni à nourrir les habitants.

« Toutefois les cultures exclusives ont

« toujours leurs dangers. N'arrive-t-il
« pas souvent aussi que les gelées tar-
« dives, comme celles de la fin du mois
« d'avril dernier, viennent anéantir d'un
« seul coup, avec les espérances du vi-
« gnerons, les moyens mêmes de son
« existence et substituer la ruine à ce
« qui aurait dû créer sa richesse ? L'ex-
« périence suggère aujourd'hui une éco-
« nomie et des intérêts plus variés en
« agriculture, en présence des viscissi-
« tudes impossibles à prévoir et à em-
« pêcher, qui rendaient les opérations de
« la culture si chanceuses et si incer-
« taines. C'est par la diversité de la
« production que le cultivateur peut
« obtenir une moyenne rémunératrice ;
« et c'est justement vers cette diversité
« que l'économie agricole moderne di-
« rige ses efforts, ses assolements et ses
« moyens. »

Après avoir constaté que la supériorité de la production anglaise provient
de l'énergie des moyens que le capital,
appliqué à l'agriculture, permet d'adapter
à l'exploitation mécanique du sol, le savant écrivain continue ainsi :

« La nécessité de la production de la
« viande, imposée par une demande
« plus exigeante et stimulée par des prix
« plus rémunérateurs, a puissamment
« aidé à cette révolution salutaire dans
« l'économie des cultures. En effet, pour
« subvenir aux besoins d'un élevage
« plus étendu, et à l'entretien et à l'en-
« graissement d'un plus grand nombre
« de bétail, il a fallu d'abord abandon-
« ner l'assolement triennal qui ne com-
« porte que deux récoltes de céréales et
« une jachère morte ; puis diminuer
« considérablement la sole de grains à
« farine, pour faire place aux plantes
« fourragères. Quand cette disposition
« des cultures s'établit dans un pays
« comme règle générale, on peut dire
« que l'ère de la prospérité agricole a
« commencé.

« C'est ce qui a fait la grande
« richesse de l'agriculture anglaise ;
« c'est ce qui a régénéré celle du nord
« de la France, celle de la Belgique, de
« l'Allemagne, de la Russie ; et c'est à
« l'absence de ce système dans la plus
« grande partie de notre pays, qu'il faut

« attribuer la pauvreté de notre agri-
« culture, l'insuffisance de ses moyens,
« l'épuisement du sol et le misérable
« rendement des cultures. »

Après avoir établi ensuite que le minimum de production de viande en Angleterre a été atteint en 1871, par suite
de l'existence de la peste bovine et de
la guerre entre la Prusse et la France,
qui ont rendu l'approvisionnement exo-
tique plus difficile, M. de la Tréhonnais
ajoute :

« Mais quelle élasticité dans cette
« immense richesse de l'agriculture an-
« glaise ! A peine les causes adverses
« disparaissent-elles, que l'infatigable
« machine se remet à fabriquer de la
« nourriture avec toute cette énergie de
« production que lui donnent et la puis-
« sance des moyens, et l'activité des
« travailleurs, et la fertilité de la terre,
« et la perfection des cultures. »

(*Journal de Paris*, 9 juillet 1872.)

Enfin, dans un autre article non
moins important du même écrivain,
concernant la crise agricole du travail
en Angleterre et la grève des ouvriers

des champs, l'auteur revient sur l'importante question de la production de la viande et dit :

« A l'aide de la mécanique appliquée
« aux travaux des champs, les fermiers
« ont pu, jusqu'à présent, conjurer ce
» commencement d'usage (les grèves).

« Un autre résultat des difficultés
« soulevées par la crise du travail agri-
« cole, c'est la transformation des terres
« labourables en pâturages permanents,
« transformation qui s'opère dans tous
« les comtés du Royaume-Uni sur une
« échelle considérable. D'un côté, les
« terres en pâturage permanent, ne de-
« mandent que très-peu de main-d'œu-
« vre ; de l'autre, le prix élevé de la
« viande encourage l'élevage et l'en-
« graissement du bétail, de sorte que
« ce système offre un double avantage
« aux agriculteurs. Dans un pays comme
« l'Angleterre, auquel la liberté des
« échanges a donné le privilége de de-
« venir l'entrepôt général du commerce
« de l'Europe, l'abandon de la culture
« des céréales n'a qu'une minime im-
« portance. Cette denrée, plus facilement

« produite dans d'autres pays et à meil-
« leur marché, arrive dans les ports de
« l'Angleterre de tous les points du
« globe, à des conditions de bon mar-
« ché qui rendent la production indi-
« gène plutôt un fardeau qu'une source
« de bénéfices pour l'agriculture...

« Il n'en est pas de même pour la
« production de la viande, dont le trans-
« port est plus difficile et plus coûteux,
« et dont la zone d'exportation est bien
« moins étendue. Quoiqu'il en soit, et
« bien que les conditions actuelles de
« notre agriculture soient bien diffé
« rentes de celles de l'Angleterre, ce qui
« se passe chez nos voisins offre un
« grand intérêt à notre attention. Nous
« pouvons en retirer un fécond ensei-
« gnement, et profiter des nouveaux
« progrès de la nécessité va sans doute
« accomplir dans l'économie de l'agri-
« culture.

« N'est-ce pas, du reste, à l'Angle-
« terre que nous devons la plupart des
« instruments perfectionnés dont nous
« avons enrichi nos moyens d'action ?
« N'est-ce pas à elle encore que nous

« sommes redevables de l'amélioration
« accomplie dans toutes nos races ?
« C'est elle qui nous a donné l'exemple
« et qui nous a fourni les éléments de
« presque tous les progrès dont notre
« agriculture est enrichie. »

(*Journal de Paris*, 12 mai 1874.)

Or, que nous manque-t-il pour rivaliser avec nos voisins ? Les moyens d'action dont ils disposent. Les sociétés de labourage à la vapeur, qui permettent à tous les cultivateurs de profiter des avantages de ce système de culture.

7° Garantie des récoltes contre l'intempérie des saisons.

Nous avons vu, par la lettre de M. Tisserand que le labourage à la vapeur garantit les récoltes de la trop grande sécheresse ou de l'excessive humidité ; et M. Liébaut établit dans son rapport que, grâce à la rapidité du travail et à l'approfondissement de la couche arable, les agriculteurs peuvent exécuter leurs travaux en temps utile et par quelque temps qu'il fasse, et qu'enfin les labours plus profonds rendent les récoltes plus certaines.

M. de la Tréhonnais, qui a traité à fond cette question, l'examine sous un autre point de vue.

Dans une étude intitulée : *Le pain de 1873*, il constate la faiblesse de la récolte, et la nécessité où sera là France d'importer une grande quantité de céréales, et il cherche les moyens de remédier à cette insuffisance de récoltes.

« Il y a, dit-il, dans ce fait économique
« autre chose qu'une simple vicissitude
« météorologique sur laquelle il est fort
« commode de rejeter les causes de nos
« maigres récoltes. On se contente
« stoïquement de se resigner à un ré-
« sultat de saisons adverses, en disant
« que l'homme ne peut rien devant
« l'intempérie de l'atmosphère, et que
« ces alternatives d'heur et de malheur
« laissent le génie de l'homme absolu-
« ment impuissant, et qu'il n'y a qu'une
« seule chose à faire : c'est de s'y sou-
« mettre et de s'y résigner.

« Quant à moi, je ne suis point de
« cet avis-là. Je suis persuadé, au con-
« traire, que l'homme, sans pouvoir, il
« est vrai, commander à souhait la

« pluie et le beau temps, peut néan-
« moins, à l'aide des moyens que la
« science agronomique met à sa dispo-
« sition, mitiger dans une grande me-
« sure l'influence destructive des in-
« tempéries météorologiques et celle
« non moins néfaste des conditions ad-
« verses d'un mauvais climat. »

(De la Tréhonnais : *Le pain
de* 1873.)

Dans son étude sur *la Vapeur dans
les Champs*, il développe plus complétement cette thèse, et dit :

« Dans le travail que j'ai dernière-
« ment publié sur la récolte de 1873,
« j'affirmais que la science agrono-
« mique pouvait, dans une certaine
« mesure, rendre les récoltes indépen-
« dantes de la pluie et du beau temps.
« Cette thèse est trop considérable pour
« que je la développe complétement
« dans ce travail ; qu'il me suffise de
« dire que la culture profonde, qui n'est
« possible dans les bonnes terres qu'a-
« vec des charrues à vapeur, est un
« moyen des plus efficaces pour conju-
« rer l'effet pernicieux de l'excès de sé-

« cheresse comme de l'excès d'humi-
« dité. Lorsque la couche arable est
« poreuse et pénétrable à une profondeur
« de 40 centimètres, et lorsque ni le
« pied d'un homme, ni celui d'un ani-
« mal de trait ne vient en fouler la sur-
« face, l'excès d'humidité trouve dans
« cette masse ameublie un drainage
« énergique, et par l'écoulement par le
« sous-sol, et par l'évaporation à la sur-
« face.

« D'un autre côté, cette masse profonde
« absorbe et retient l'humidité, amène en
« outre l'action de l'attraction capillaire
« et, dans les temps de sécheresse, les
« racines des plantes y trouvent une
« humidité suffisante. En Algérie, l'ex-
« périence démontre que dans les sé-
« cheresses les plus persistantes, les
« terres labourées avec des charrues
« européennes donnent toujours un
« certain produit, tandis que celles qui
« ne sont que grattées avec la charrue
« arabe ne donnent pas même la se-
« mence.

« Qu'on me permette encore d'indi-
« quer seulement un autre effet consi-

« dérable du drainage et des labours
« profonds. Lorsque ces deux moyens
« d'assainissement et de préparation du
« sol sont généralement adoptés dans
« une contrée, c'est la modification ra-
« dicale qui se produit dans la moyenne
« de la température. Dans les contrées
« humides, cette moyenne s'accroît de
« plusieurs degrés et les conditions cli-
« matériques deviennent beaucoup plus
« régulières. Cette modification est ana-
« logue à celle qui suit le reboisement
« des pays dénudés.

« Que l'on considère un instant, que
« si la récolte de cette année (1873)
« avait égalé celle de l'année dernière
« en France, les milliards de la rançon
« seraient intégralement rentrés dans
« notre richesse. Existe-t-il dans l'éco-
« nomie des nations un autre intérêt
« capable de soulever de pareils vicissi-
« tudes? Et devant ces alternatives,
« dont l'incertitude est en réalité si re-
« belle à l'action humaine, n'est-il pas
« permis de s'étonner que les hommes
« influents s'inquiètent si peu, en France,
« de ces questions agricoles, auxquelles

« cependant se rattachent de si gros
« intérêts publics, et se contentent de
« déplorer, avec tout le monde, les in-
« tempéries des saisons, sans chercher
« à y porter aucun remède, sous pré-
« texte que ces causes adverses sont
« au-dessus de l'action de la science
« humaine.

« J'espère prouver, dans une étude
« plus approfondie de cette intéressante
« question, la fausseté de cette idée
« populaire, en établissant la proposi-
« tion que les effets destructeurs des vi-
« cissitudes atmosphériques, peuvent
« être grandement mitigés, sinon com-
« plétement neutralisés par les procédés
« agronomiques. »

(De la Tréhonnais, La Vapeur
dans les Champs.)

8° *Garantie contre les grèves et le manque de bras en agriculture.*

« L'agriculture manque de bras en
« France, dit M. le rapporteur de la
« Société d'encouragement, et à l'époque
« de la moisson, les cultivateurs éprou-
« vent de grandes difficultés pour le
« fauchage et la rentrée des récoltes.

« L'autorité militaire près les villes de
« garnison met, il est vrai, une partie
« des soldats de la ligne à la disposition
« des cultivateurs, mais c'est une bien
« faible ressource pour la quantité des
« travaux qu'il s'agit d'exécuter. »

C'est donc un véritable bienfait pour
l'agriculture que de lui fournir les
moyens de suppléer à ce manque de
bras qui met obstacle à son développement.

D'un autre côté, n'y aurait-il pas lieu
de craindre en France une crise dans le
travail agricole semblable à celle qui se
produit en Angleterre par suite de la
grève des ouvriers des champs ? et n'est-
ce pas agir avec prévoyance que de
prendre les mesures nécessaires pour
garantir notre agriculture de ce danger,
tout en la mettant en mesure de l'af-
fronter sans péril.

A l'aide de la mécanique appliquée aux
travaux des champs, les fermiers pourront le conjurer s'il venait à se produire. La main-d'œuvre étant toujours
en grande partie remplacée par les machines, la demande de travail se ralen-

ra et l'effet des grèves ne pourrait avoir ni le retentissement, ni la portée que pourraient en attendre ceux qui les auraient suscitées.

A l'appui de cet argument, il est important d'examiner ce qui se passe actuellement en Angleterre, par suite de la grève suscitée par Arch, le chef de l'union des ouvriers agricoles.

Dans une étude sur la crise agricole en Angleterre, M. de la Tréhonnais examine toutes les phases par lesquelles l'agriculture a passé durant cette crise, et constate surtout que c'est grâce à l'influence qu'a eu sur la grève l'emploi des machines, que l'agriculture anglaise, dont elle aurait pu entraîner la ruine, ou tout au moins un préjudice irréparable, est parvenue jusqu'à présent à conjurer le danger.

« Malheureusement pour l'union des
« ouvriers agricoles, dit-il, le mouve-
« ment de grève provoqué par Arch se
« manifestait à une époque ou le pro-
« grès de la mécanique appliqué aux
« travaux des champs arrivait, pour
« ainsi dire, à son apogée. Stimulés par

« la menace des hauts salaires réclamés
« par les ouvriers agricoles, soutenus en
« cela par l'opinion publique, les agri-
« culteurs ont naturellement cherché à
« s'affranchir de ces exigences et à se
« mettre à l'abri contre cette menace.
« De là l'impulsion merveilleuse don-
« née à la mécanique agricole ; cette
« impulsion, loin de s'arrêter, satis-
« faite de ses triomphes, aiguillonnée
« par cette recrudescence de la crise
« du travail agricole, qui vient d'éclater
« dans les comtés de l'est de l'Angle-
« terre, c'est-à-dire au sein même de la
« principale citadelle agricole de ce
« grand pays, s'est encore élancée en
« avant vers de nouvelles conquêtes... »
« A l'aide de la mécanique, appliquée
« aux travaux des champs, les fermiers
« ont pu jusqu'à présent conjurer ce
« commencement d'orage...
« Sous l'influence d'un sentiment de
« crainte pour l'avenir, devant la com-
« binaison organisée de leurs ouvriers,
« leur mettant le marché au poing et
« refusant tout travail si leurs exigences
« ne sont point acceptées, les fermiers,

« eux aussi, se sont combinés en so-
« ciété pour la protection mutuelle de
« leurs intérêts . . . .

. . . .

« Les fermiers tinrent bon, et comme
« ils pouvaient se passer du travail qui
« s'éloignait d'eux et de leurs fermes,
« Arch se vit dans la nécessité de re-
« courir à l'émigration. . . . . . .

« D'un autre côté, comme je l'ai dit
« en commençant, les machines et ins-
« truments perfectionnés, appliqués aux
« travaux agricoles, tendent de plus en
« plus à rendre les fermiers indépen-
« dants de la main-d'œuvre. Ainsi les
« travaux de la moisson qui sont les
« plus importants et qui exigeaient au-
« trefois une véritable armée d'Irlan-
« dais, qui tous les ans traversaient le
« canal Saint-Georges, se font aujour-
« d'hui avec des machines.

« L'année dernière, d'après la statis-
« tique officielle on a compté jusqu'à
« 40,000 moissonneuses en travail en
« Angleterre ; et ces machines ont coupé
« toutes les moissons en quinze jours
« seulement. Or, chaque moissonneuse

« faisant le travail de dix hommes,
« c'est donc 400,000 ouvriers dont les
« fermiers ont pu se passer.

« Avec 100,000 moissonneuses toutes
« les récoltes de la France pourraient
« être coupées et javelées en douze
« jours. Pour faire ce travail dans lo
« même espace de temps, il faudrait un
« million de travailleurs.

« Dans ce moment-ci, on cherche le
« moyen de faire de la moisson une be-
« sogne exclusivement mécanique. Au-
« jourd'hui même, avec les moisson-
« neuses les plus perfectionnées, il faut
« une main-d'œuvre comparativement
« nombreuse pour lier les gerbes derrière
« les machines. Eh bien ! malgré la dif-
« ficulté du problème à résoudre, on
« s'occupe de rechercher un moyen mé-
« canique de lier les gerbes, et on a
« grand espoir de réussir. Il est même
« probable que pour la moisson pro-
« chaine, on aura trouvé une machine
« qui, non-seulement coupera la récolte
« et fera la javelle comme les moisson-
« neuses le font aujourd'hui, mais liera
« la gerbe et la déposera toute faite sur

« le sol, prête à être chargée sur les
« charriots.

« Il y a une autre opération agricole
« qui exige une nombreuse main-d'œu-
« vre, ce sont les façons à donner aux
« récoltes de racines. Il y a les binages,
« les sarclages, l'éclaircissement et l'i-
« solement des plantes. Eh bien ! tout
« cela se fait aujourd'hui mécanique-
« ment. L'agriculture possède déjà non-
« seulement les houes à cheval qui bi-
« nent et sarclent, mais on vient d'in-
« venter une autre machine qui éclaircit
« les plantes de manière à diminuer des
« neuf dixièmes le travail de l'éclaircis-
« sement et de l'isolement des racines,
« et ce travail peut être accompli par
« des femmes et des enfants. On arrache
« aussi les racines et même les pommes
« de terre avec des machines; et enfin
« les charrues à vapeur viennent sup-
« pléer au travail des animaux de trait
« et des laboureurs, dans une mesure
« considérable.

« La difficulté croissante de la main-
« d'œuvre agricole a été du reste la
« cause principale de cette révolution

« profonde qui s'opère depuis une
« vingtaine d'années dans l'économie
« de la culture du sol. La nécessité de
« suppléer au manque de bras et à la
« cherté de la main-d'œuvre qui en ré-
« sulte, a stimulé l'esprit des inventeurs
« et nul doute que la nouvelle phase,
« si menaçante pour l'agriculture, qui
« vient de se manifester en Angleterre,
« quelle que soit l'issue de la lutte en-
« gagée : émigration ou élévation des
« salaires, ne provoque une application
« plus ingénieuse et plus générale encore
« de l'art mécanique aux travaux des
« champs. »

(DE LA TRÉHONNAIS : La Crise du
Travail agricole.)

Ces faits ne prouvent-ils pas de la
manière la plus évidente que la généralisation de la culture mécanique du sol
est le moyen le plus efficace de mettre
l'agriculture à l'abri du danger dont elle
est menacée par le manque de bras provenant : soit du nombre trop restreint
des ouvriers agricoles, soit des grèves,
soit de l'émigration, qui tend malheureusement à se propager dans des pro-

portions considérables, soit enfin de la dépopulation de nos campagnes, dont l'élément agricole diminue de jour en jour.

Cette dépopulation des campagnes est assez accentuée pour attirer l'attention sur les moyens à employer pour la prévenir ou en atténuer les conséquences.

On lit à ce sujet dans la *Gazette des Campagnes*, du 11 avril dernier :

« Que la désolante diminution des
« populations agricoles sur la généralité
« du pays augmente de jour en jour.
« Les annuaires de départements qui ont
« perdu le plus de population, essaient
« d'expliquer les causes de cette cala-
« mité. L'annuaire du département du
« Var, entr'autres, constate d'après le
« recensement officiel, que la population
« a diminué de près de 22,000 âmes en
« dix ans dans le seul arrondissement
« de Toulon, et en trouve les causes
« suivantes :

« La diminution du nombre des ma-
« riages est très-sensible dans toutes
« les communes du Var. Le luxe qui a pé-
« nétré partout, le confortable de l'exis-

« tence et même l'élévation du prix des
« objets de première nécessité, ont créé
« pour les ménages des conditions plus
« onéreuses, devant lesquelles beau-
« coup de jeunes gens reculent. Cette
« situation est vraiment déplorable, car
« rien n'indique qu'elle pourra être at-
« ténuée bientôt. »

Enfin, si l'on considère que les pré-
tentions des ouvriers s'élèvent outre
mesure en raison de la rareté des bras,
et que, pour ne pas s'exposer à perdre
la récolte, on est obligé de donner un
salaire trois ou quatre fois plus fort que
ne le comporte la valeur vénale du produit, on voit que notre entreprise sera,
sous ce point de vue, d'une utilité incontestable pour l'agriculture.

L'usage des machines agricoles devient donc de plus en plus une néces-
cité, et c'est le moyen le plus certain
d'atténuer l'effet désastreux qui résulterait d'une grève des ouvriers agricoles. Car, ainsi que le dit M. Louis
Hervé : « C'est sur ces engins seuls
« que les fermiers anglais, aujourd'hui
« en lutte contre les grévistes agricoles,

« fondent leur espoir de vaincre. La
« charrue à vapeur est le canon Krupp
« de l'agriculture. »

9° *Amélioration des produits.*

Il est également incontestable que ce
procédé de culture, qui améliore et as-
sainit les terres, en permettant d'exécuter tous les travaux des champs en
temps opportun, et de profiter utilement de la multiplication de toutes les
forces nutritives du sol, doit, outre la
grande augmentation des récoltes, amener une très-notable amélioration dans
la qualité des produits végétaux.

Enfin, on peut espérer, en régénérant
pour ainsi dire le sol à l'aide des labours profonds, que l'on arrivera à dé-
truire le germe de certaines maladies
qui s'attaquent aux végétaux et sont,
malheureusement trop souvent, une véritable calamité pour l'agriculture.

Cette grave question, que la science
seule peut être appelée à résoudre, mé-
rite certainement d'être approfondie et
examinée par nos societés savantes et
par les hommes les plus compétents
dans la science agronomique ; et, réso-

lue affirmativement, ne pourrait-elle devenir un des arguments les plus puissants en faveur de la genéralisation du
labourage à la vapeur ?

III

Résultats financiers

On peut, sur les données qui pré-
cèdent, calculer les résultats de notre
entreprise sur le territoire français et
les conséquences qu'elle aura au point
de vue de l'augmentation de la fortune
publique et de l'accroissement des revenus de l'Etat.

Augmentation du produit des récoltes.

Les statistiques officielles de la production agricole de la France établissent
que la valeur totale de la production végétale seulement s'élève annuellement
à environ. . . . . . fr.   7,000,000,000

On a vu, dans le cha-
pitre précédent, d'après
les renseignements pui-
sés aux sources les plus
authentiques et l'avis

A reporter.   7,000,000,000

Report.   7,000,000,000

des agriculteurs les plus compétents, que la culture à vapeur assurait une moyenne d'augmentation de 50 pour cent dans le rendement des récoltes, ou de moitié de la valeur de la production actuelle.

On aura donc de ce premier chef une augmentation annuelle de   3,500,000,000

Défrichement des terres incultes.

D'un autre côté, la société du labourage à la vapeur entreprendrait, soit pour son compte personnel après avoir acquis les terrains, soit pour celui des communes ou des propriétaires, le défrichement, le drainage et l'irrigation des terres incultes, et le des-

A reporter.   3,500,000,000

Report.   3,500,000,000

sèchement et l'assainissement des terrains marécageux qui ne sont,
pour la plupart, que des
foyers de fièvres pernicieuses pour les populations qui les environnent
et peuvent devenir,
après avoir été défrichées, des terres d'une
fertilité incomparable.

Par ce moyen, elle accroîtra la richesse territoriale du pays en rendant productive une
vaste étendue de terrains actuellement sans
valeur.

Lors de la discussion
qui a eu lieu le 5 mars
dernier, à l'Assemblée
nationale sur l'opportutunité de la révision du
cadastre, la superficie
des terres incultes existant actuellement en

Report. 3,500,000,000

France, a été établie d'une manière assez exacte pour servir de base au calcul suivant :

La superficie des terrains incultes existant en France il y a vingt-cinq ans etait de 9,191,076 hectares. (*Rapport de M. Heuzé à la commission de l'exposition de Vienne.*)

Depuis lors, il a été défriché 4,201,612 hectares, selon les documents recueillis par M. Alfred Dupont, député, et seulement 2,500,000 hectares selon ceux recueillis par M. Léonce de Lavergne. (*Journal officiel*, 6 mars 1874.)

Afin de rester plutôt au-dessous du chiffre réel, nous baserons ce calcul sur les chiffres

Report.   3,500,000,000

mis en avant par M. Alfred Dupont, qui donneront le minimum du restant actuel.

Il y a donc lieu de déduire de la superficie existant il y a 25 ans celle de 4,201,612 hectares.

Ce qui donne un restant actuel de 4,989,464 hectares.

Soit un chiffre rond de 5,000,000 d'hectares de terres incultes ou sans valeur, que la Société du labourage à la vapeur restituera au domaine agricole après les avoir rendues productifs.

Le produit de ces terres défrichées, préparées et mises en rapport par la Société peut, sans aucune exagération, être

Report.   3,500,000,000

évaluée à 300 fr. par hectare.

On aura donc de ce second chef une augmentation de revenu annuel de 1,500,000,000 qu'il y a lieu d'ajouter à la plus value résultant de l'augmentation des récoltes. . . . . fr.   1,500,000,000

Ce qui portera cette plus value de richesse au chiffre de. . . . fr.   5,000,000,000

Desséchement des terrains marécageux.

Outre l'étendue superficielle des terrains marécageux auxquels il est possible de donner une grande valeur en en pratiquant le desséchement, et que la Société fera rentrer dans le domaine de l'agriculture est de 600,000 hectares.

Si l'on considère que ces terrains par la nature même des matières organiques qui les composent, acquièrent une fertilité remarquable, on voit qu'en portant également à un minimum de 300 francs par hectare, la plus-value de ces terres desséchées, assainies et défrichées, cette évaluation est loin d'être exagérée, et qu'elle est au contraire bien au-dessous du taux moyen qu'elle peut atteindre.

On aura par conséquent de ce troisième et dernier chef, une augmentation de revenu de........ 180,000,000 qui s'ajoutera aux sommes ci-dessus et portera l'augmentation de revenu annuel que la généralisation de la culture à vapeur assurera à la France, à la somme de *cinq milliards cent quatre-vingts millions*, ci. . . . . 5,180,000,000 ce qui représente au taux de 5 pour cent une augmentation de la richesse territoriale du pays de *cent trois milliards six cents millions*, ci. 103,600,000,000

Il est remarquer que ces calculs ne portent que sur la production végétale et ne comprennent aucun des autres produits directs de l'agriculure, tels que le bétail, le lait, le beurre, les œufs, la volaille etc., etc.

Qu'ils ne comportent également que l'étendue du territoire français proprement dit, sans comprendre l'Algérie ni les colonies.

Et qu'enfin ils sont basés sur des évaluations prises à *minimâ* et certainement au-dessous de la réalité :

Or, si l'on considère :

1° Que toutes les productions agricoles quelles qu'elles soient, s'accroîtront proportionnellement à l'augmentation des productions végétales.

2° Que nous avons en Algérie des plaines immenses d'une fertilité incomparable et d'un climat merveilleux, où se rencontrent toutes les productions des régions tempérées et des pays chauds, quoi qu'elles ne soient soumises qu'aux procédés de culture les plus primitifs, et que la culture à la vapeur, appliquée au sol algérien, rendrait à cette colonie son ancienne splendeur tout en en faisant le grenier d'abondance de l'Europe.

3° Que cette méthode de culture, que l'on pourrait également employer dans nos colonies, aurait pour résultat de multiplier à l'infini les autres produits coloniaux, qui sont l'objet d'importantes transactions commerciales dans le monde entier.

4° Et qu'enfin les résultats dont nous avons démontré l'étendue, ne peuvent que s'accroître en se perpétuant.

On peut se dire avec raison que la culture à la vapeur appliquée d'une façon générale, tant en France qu'en Algérie et aux colonies, sera appelée à doubler dans un bref délai notre richesse agricole.

En ce qui concerne principalement l'Algérie, qu'il nous soit permis de citer l'opinion de deux de nos écrivains les plus compéteuts en matière agricole, sur l'importance de l'exploitation de son sol par la vapeur.

M. Louis Hervé, dans une étude sur le labourage à la vapeur, publiée dans le journal le *Français* du 24 mai dernier, après avoir examiné l'état actuel de ce mode de culture dans les diverses contrées étrangères, ajoute :

« Voilà où en est le labour à vapeur
« en Angleterre, alors que cinq ou six
« domaines agricoles en font usage en
« France. L'Algérie est plus avancée
« que la métropole sous ce rapport; le
« labour à vapeur a défoncé de vastes
« étendues de riches terres, qui sans ce
« moyen seraient restés incultes, parce
« que la couche superficielle est rem-
« plie de racines d'alfa et de palmiers
« nains, qui, joints à la dureté du sol,
« décourageaient les colons les plus ré-
« solus. Les frais de défoncement ont
« été couverts par les racines d'alfa, qui
« fournissent d'énormes quantités d'une
« pâte à papier très-recherchée pour
« l'industrie papetière. »

Louis Hervé.

M. de la Tréhonnais, dans une autre
étude sur cette question au point de vue
de la culture du lin en Europe, après
avoir constaté l'importance de cette culture pour le commerce et l'industrie et
la nécessité où sont aujourd'hui les fila-
teurs de faire venir la matière première
de l'Inde et de l'Australie, conclut en
ces termes :

« L'Inde et l'Australie sont évidem-
« ment trop loin, pour que leurs pro-
« duits puissent arriver aux usines du
« Nord dans des conditions de prix as-
« sez avantageux. Mais n'y a-t-il pas au-
« delà de la Méditerranée ce qu'on a si
« heureusement défini le prolongement
« de la France, une contrée splendide,
« l'Algérie, dont les terres fertiles et fa-
« cilement préparées, se prêtent au plus
« haut degré de faveur à la culture du
« lin.

« Le lin, on peut le dire, est la plante
« indigène par excellence du sol de
« notre colonie. Partout, au printemps,
« on voit les champs en friche couverts
« de lin sauvage. Tous les essais de
« culture qu'on y a faits ont admirable-
« ment réussi.

« Si les Anglais, qui ne reculent de-
« vant aucun sacrifice pour implanter la
« culture du lin dans leurs lointaines
« colonies, connaisssaient les ressources
« du sol de l'Algérie, et s'ils y dépen-
« saient seulement la centième partie
« des efforts et du capital qu'ils prodi-
« guent ailleurs, quelle ne serait pas
leur satisfaction !

« Déjà ils envoient leurs steamers
« chercher dans notre colonie le fer et
« l'alfa qui y abondent ; que ne vien-
« nent-ils y construire des usines de teil-
« lage, en prodiguant comme ils le font
« ailleurs l'encouragement d'un prix ré-
« munérateur aux colons, ils verraient
« bientôt que la solution la plus com-
« plète et la plus heureuse de ce pro-
« blème de production qu'ils recherchent
« avec tant d'anxiété, serait immédiate-
« ment trouvée sur cette vieille terre
« africaine, où nous autres Français,
« nous ne savons faire que de la poli-
« tique nous dénigrer les uns les
« autres, et jeter au vent en agita-
« tions stériles et en efforts impuissants,
« les avantages les plus précieux dont
« la nature ait jamais doté un pays. »

De la Tréhonnais (*Journal de Paris*
du 14 avril 1874.

IV

Augmentation des revenus de l'Etat.

Si l'on examine maintenant dans
quelle proportion l'augmentation si considérable de la richesse publique, est

appelée à accroître les revenus de l'Etat, on se rendra facilement compte des ressources importantes qu'en retire le trésor.

Cet examen démontrera en outre l'utilité publique de la fondation de notre entreprise et justifiera la demande d'une garantie temporaire de 6 pour cent faite au gouvernement pour assurer à cette entreprise le prestige et la confiance à son organisation et à sa réussite.

Et enfin il prouvera en même temps combien cette garantie est d'une minime importance comparativement aux avantages immenses qui en résulteront pour le trésor.

1° *Accroissement du produit des impôts directs.*

On a vu plus haut que la superficie des terres incultes existant actuellement en France, et que la Société du labourage à la vapeur se propose de défricher, draîner et fertiliser est de : en hectares 5,000,000
et que la quantité de terrains marécageux qu'elle propose également de mettre en valeur est de 600,000
Soit un total en hectares de 5,600,000

qui sont actuellement improductifs et deviendront susceptibles d'être soumis à la perception des impôts directs et notamment de l'impôt foncier.

Or cet impôt, qui est en moyenne de 2 fr. 40 en principal s'augmente du produit des centimes additionnels s'élevant aujourd'hui à 92 pour cent et qui seront portés prochainement à 102 pour cent suivant la proposition du ministre des finances, ce qui donne aux taux de ces impôts une moyenne de 4 fr. 85 environ.

Si cet impôt de 4 fr. 85 s'applique aux 5,600,000 hectares de terres susceptibles d'en être grevées, l'Etat aura de ce premier chef une augmentation de recettes de. 27,160,000

Il est important de faire remarquer que ce produit sera nécessairement accru par celui des autres impôts directs, tels que portes et fenêtres, mobilier, patentes, etc., qui frapperont sur les bâtiments d'exploitation ou

A reporter. 27.160,000

Report.   27,600,000

d'habitation, que l'industrie élèvera forcément sur cette vaste étendue de terrains mis en valeur.

Une objection s'est élevée au sujet des difficultés que présentent le défrichement et le dessèchement des ter-terrains incultes.

Il est certain que ces difficultés sont nombreuses et semblent insurmontables au simple particulier, qui n'a à sa disposition que les outillages admis par la culture actuelle, avec les inconvénients de perte de temps et de frais considérables de main-d'œuvre, qui rendent ce travail trop dispendieux pour permettre à l'initiative privée de l'entreprendre dans des conditions favorables.

Mais ces difficultés disparaissent complétement en présence d'une grande so-

Report. 27,160,000

ciété disposant de capitaux importants, et mettant en œuvre tous les moyens d'action énergiques de la force mécanique appliquée à l'agriculture, moyens qui, tout en économisant le temps et les frais de main-d'œuvre, rendent l'œuvre du défrichement non-seulement réalisable, mais encore lucrative.

De nombreux exemples pourraient être cités à l'appui de cette allégation. Nous ne parlerons que du plus récent, concernant la société qui avait entrepris le dessèchement des vastes marais du Nord, et qui, après la plus complète réussite, vient de doter cette riche contrée d'une étendue considérable de terrains, classés aujourd'hui parmi les plus riches et les plus productifs.

A reporter. 27,160,000

Report. 27,160,000

2° Augmentation du pro-
duit des impôts indirects.

Les impôts ne sont pas
seulement perçus sur le sol
et sur les bâtiments que
l'agriculture, l'industrie ou
la spéculation y accumulent.
C'est surtout dans les impôts dits indirects que l'E-
tat puise la plus grande partie des ressources nécessaires à la bonne administration de ses finances ; et
l'agriculture fournit à elle
seule la presque totalité des
produits sur lesquels frappent ces impôts.

Les machines, en facili-
tant les labours profonds,
l'assainissement et le drainage des terres en friche et
de celles imparfaitement
cultivées, augmenteront considérablement les produits
du sol, qui sont pour la

A reporter. 27,160,000

7

Report. 27,160,000

plupart les premiers élé-
ments ou la matière pre-
mière de presque tous les
produits industriels sur lesquels frappent les impôts
indirects.

En augmentant la pro-
duction végtéale en France,
on multipliera la fabrication
des nombreux produits auxquels ellle sert de base, tels
que les sucres, les alcools,
les vins, les huiles, les tissus, les fécules, etc., etc.
Cet accroissement dans la
fabrication augmentera nécessairement notre com-
merce intérieur et notre
commerce d'exploitation,
qui, en multipliant les transports, assureront encore
une augmentation de re-
cettes pour le Trésor.

Il est donc évident que
la culture à la vapeur, en

A reporter. 27.160,000

Report.   27,160,000

multipliant la matière imposable, accroîtra considérablement le produit des impôts indirects.

Il est facile d'établir approximativement l'importance de cet accroissement sur les données suivantes :

Il a été établi plus haut que l'augmentation de production ou de revenu annuel qui résulterait de la généralisation de la culture à la vapeur s'élèverait à 5,180,000.

On peut, sans aucune exagération, évaluer à 1 p. cent seulement le taux des impôts indirects perçus sur ce produit.

Ce qui donnera comme résultat une augmentation de recettes pour l'Etat de. .   51,800,000 qui s'ajouteront à la somme provenant du montant de l'impôt perçu sur le sol rendu productif.

Et donneront un supplément de recettes au profit du Trésor de.   78,960,000

Il est important d'appuyer ici sur la remarque déjà signalée au chapitre précédent, à savoir que ce chiffre ne porte spécialement que sur la production végétale du sol et ne s'applique à aucun des autres produits agricoles ou industriels dépendant de l'agriculture et dont l'accroissement viendra encore s'ajouter à ces résultats déjà si importants.

Enfin si l'on ajoute à cette somme le montant du demi-décime que le ministre des finances propose d'ajouter au produit des impôts, on aura une nouvelle augmentation de.   3,948,000

qui s'ajoutant au total trouvé ci-dessus, portera l'augmentation des recettes du Trésor à la somme totale de. . . . , ...   82,908,000

Soit en chiffres ronds :
quatre-vingt-trois millions
de francs 83,000,000

V

Résultats secondaires

Commerce. — Industrie

Mais aux résultats agricoles et financiers que nous venons de mettre sous les yeux de nos lecteurs, ne se bornent pas les avantages du labourage à la vapeur. Il en est d'autres qui, sans être aussi directs, découlent pourtant d'une manière saisissante et essentielle d'une entreprise que l'on peut, à bon droit, considérer comme une œuvre véritablement nationale.

A ce rang peuvent être placés en première ligne, le commerce et l'industrie; car l'accroissement qui se fera dans la production doit avoir une énorme influence sur la prospérité de ces deux branches importantes de la richesse du pays.

En dehors du commerce des céréales et des produits végétaux proprement dits, qui profitera le premier des avantages de la culture à vapeur, on peut assurer que le commerce des nombreux produits à la fabrications desquels l'agriculture sert de base, prendra une extension considérable.

Citons surtout l'industrie sucrière qui périclite depuis quelques années, et qui est appelée, par l'accroissement extraordinaire qui en ressortira pour elle, à reprendre son rang parmi les premières de France.

Le commerce des bestiaux, qui trouvera également un nouvel essor dans l'adoption d'un nouveau procédé de culture permettant de réserver pour le commerce et l'élevage les animaux employés maintenant aux travaux des champs.

L'industrie de l'élevage et le commerce des chevaux qui, pour les mêmes motifs, se propageront considérablement.

Disons, à ce propos, que notre fondation deviendra un précieux auxiliaire de la récente loi sur les haras. Car les chevaux n'étant plus soumis aux usages de l'agriculture seront élevés dans de

meilleures conditions, et leurs diffé-
rentes races améliorées produiront un
plus grand nombre de sujets, tant pour
le luxe que pour l'armée.

Et sous ce double rapport de l'élevage des chevaux et de l'engraissement
du bétail, nous arriverons facilement à
rivaliser avec les Anglais, qui, jusqu'à
présent, ont eu, pour ainsi dire, le monopole de ces deux importantes industries, et à produire autant, et plus
qu'eux, dans des conditions semblables,
sinon supérieures.

En outre, toutes les industries que
l'agriculture fait naître, telles que les
distilleries, les féculeries, la fabrication
des tissus, des huiles, etc., etc., prenant
une plus grande extension, devront à
l'adoption de notre système la prospérité et la richesse.

L'art mécanique y gagnera d'une manière extraordinaire, non-seulement par
l'immense débouché de ses produits,
par la nécessité de constructions nouvelles
et innombrables, mais encore par la
création de nouveaux engins, dont l'é-
mulation, qui se développera nécessai-

rement chez les inventeurs, fera profiter le domaine public. Et nul doute que, dans un temps rapproché, des découvertes intéressantes et utiles pour l'application de la vapeur à tous les travaux des champs ne viennent grossir le nombre de celles déjà acquises à l'agriculture ; et, tout en profitant au progrès de la science et des arts mécaniqnes, n'accroissent encore dans des limites indéfinies, l'importance des moyens d'action propres à faire produire au sol les richesses immenses qu'il renferme.

Exportations. — *Importations*

Un autre avantage, non moins important, est celui que l'influence de la multiplicité des produits du sol aura sur notre commerce extérieur et sur le chiffre de nos exportations en céréales et denrées alimentaires.

On sait combien cette grave question des exportations et des importations a attiré l'attention du gouvernement, et, le 23 avril dernier, nous avons vu M. le ministre des travaux publics, en faisant l'ouverture de la session de la commission d'exportation, qui a pour but d'encourager et de développer notre commerce extérieur, témoigner l'intérêt qu'il attachait à ses travaux et déclarer que : « C'est une question vitale pour « l'avenir du pays sur laquelle on doit « appeler l'attention publique, et qu'elle « doit être placée parmi les plus utiles « qu'un pays ait jamais eu à résoudre, « et qui touchent de plus près à sa « prospérité dans le présent et dans « l'avenir. »

Après avoir examiné la situation de nos exportations, comparativement à celle de l'Angleterre, il ajoute :

« Qu'il est nécessaire de rechercher « tous les moyens utiles pour aider aux « progrès qui pourraient être réa-« lisés ou tout au moins tentés, pour « accroître encore nos exportations « françaises et arriver à rivaliser sur ce « point avec l'Angleterre. »

Rappelant que la Belgique, l'Autriche, la Russie, etc., font les plus grands efforts pour encourager et aider l'exportation, M. le ministre trace le programme de la commission, et termine en disant :

« Ne restons pas en arrière de ce
« mouvement, notre nation a plus be-
« soin qu'aucune autre de refaire sa
« prospérité par le développement des
« échanges. Nous n'aurons pas perdu
« notre temps si nous avons réussi à
« l'aider dans la conquête de nouveaux
« débouchés commerciaux. Et quand
« même nous n'arriverions qu'à appeler
« l'attention publique sur ces questions
« vitales pour l'avenir de notre pays, à
« faire qu'un plus grand nombre de nos
« concitoyens s'y intéressent et y trou-
« vent une place pour leur activité, nous
« aurions rendu un vrai service au
« commerce français. »
Journal officiel, 2 mai 1874, p 3,051).

La nécessité d'accroître le chiffre de
nos exportations se fait d'autant plus
sentir, que le dernier tableau, publié par
l'administration des douanes sur l'éten-
ue du commerce français pendant les
trois premiers mois de cette année,
constate une diminution sensible dans
nos exportations, tandis que le chiffre
des importations s'est élevé.

Comme on devait s'y attendre en raison de l'insuffisance de notre production, les céréales ont la plus grande part dans l'excédant des importations ; et les effets de cette insuffisance se sont même fait sentir dans le commerce des vins, qui, à défaut des ressources qu'il trouve ordinairement dans le pays, a été obligé d'avoir recours aux produits de l'Espagne, pour alcooliser les vins destinés à l'exportation.

La culture à la vapeur, en décuplant les produits végétaux et tous ceux de l'industrie agricole, n'arrivera-t-elle pas à faire cesser cet état d'infériorité et à accroître notablement par sa généralisation le chiffre de nos exportations tout en diminuant celui de nos importations ?

La question n'est pas douteuse, si l'on considère en outre qu'en augmentant notre production agricole proprement dite, elle amènera aussi forcément une grande extension dans l'industrie maraîchère et horticole de la France, dont les produits sont si recherchés par les Anglais, qui ne peuvent arriver à en tirer le même parti que nous.

On peut donc prévoir qu'en augmentant notablement nos exportations en céréales, nous pourrons arriver à fournir à l'Angleterre la presque totalité des denrées de ce genre qui lui sont nécessaires pour l'alimentation de sa nombreuse population, et encore à garnir ses marchés des délicats produits de notre culture maraîchère et horticole.

Cette grave question des importations en céréales a été traitée d'une façon complète par M. de la Tréhonnais dans son étude sur la vapeur dans les champs.

« Il est bon pour nous autres, Fran-
« çais, dit-il, de bien saisir toute la por-
« tée de cette révolution dans les forces
« agricoles qui fleurit chez nos voisins
« d'Angleterre et d'Allemagne, et sur-
« tout chez les Russes, avec tant de
« sève et d'entrain, et qui chez nous a
« tant de peine à s'implanter.

« L'économie dans les moyens de la
« production en constitue les premiers
« bénéfices ; et en ce qui concerne la
« production agricole, cette économie
« représente un degré équivalent d'a-
« bondance dans les récoltes.

« Ainsi, il résulte de la statistique de
« la moisson de l'année dernière (1872)
« que nous avons pu, non-seulement
« subvenir à nos besoins, mais que sur
« le surplus, nous avons pu exporter
« pour au moins un *demi-milliard* de
« produits, et cependant notre récolte,
« réputée si bonne, n'a pas atteint à
« beaucoup près le minimum de la pro-
« duction anglaise. Cette année (1873),
« au contraire, nous allons être obligés
« pour satisfaire à nos besoins, d'impor-
« ter pour un *demi-milliard* de céréales,
« ce qui fait une différence d'*un mil-
« liard* pour notre agriculture et surtout
« pour la richesse publique. Il y a en-
« core cette différence, c'est que quand
« nous exportons, nous le faisons au
« prix de l'abondance, c'est-à-dire à
« bon marché, et quand nous impor-
« tons, nous le faisons au prix de la di-
« sette, c'est-à-dire fort cher. En un
« mot, ce que nous avons vendu l'an-
« née dernière à 20 francs, nous som-
« mes obligés de le racheter cette an-
« née à 30 fr.

« Si, d'un autre côté nous avions pu

« économiser l'année dernière un demi-
« milliard dans la production de notre
« bonne récolte, au lieu d'augmenter la
« richesse publique d'un demi-milliard
« par notre exportation, nous eussions
« doublé ce bénéfice ; et cette année de
« pauvre moisson, nous eussions réa-
« lisé le prix du déficit de nos récoltes,
« et de cette façon la richesse de la
« France ne se serait pas moins amoin-
« drie.

« C'est par l'action du capital appli-
« qué à l'agriculture et à l'énergie des
« moyens que ce capital permet d'adop-
« ter, que les Anglais doivent de pou-
« voir importer chaque année leurs 35
« millions d'hectolitres de blé, ce qui
« représente la somme énorme de
« près d'un milliard, sans que la pros-
« périté du pays en soit le moins
« du monde atteinte.

« Si l'agriculture anglaise ne produi-
« sait pas plus que celle de la France,
« l'importation du pain enlèverait deux
« milliards au pays, et alors la prospé-
« rité publique en faillirait à un degré
« fort appréciable. » (DE LA TRÉHONNAIS:
La Vapeur dans les champs.)

Dans une autre étude, *Le pain de 1873*, M. de la Tréhonnais, revenant sur ce sujet, constate « que pour l'Angleterre,
« dont la production agricole, malgré
« son abondance relative, est insuffi-
« sante à nourrir la population, les bien-
« faits de la liberté commerciale sont
« incontestables ; mais il ne faut pas ou-
« blier que le commerce d'exportation
« de ses produits manufacturés permet
« cette immense importation de den-
« rées alimentaires, sans que la prospé-
« rité générale en soit le moindrement
« atteinte, et sans que la condition de
« son agriculture elle-même ait
« souffrir. Malheureusement, les condi-
« tions de la France ne sont pas les
« mêmes, et les bienfaits du libre-
« échange, en ce qui regarde notre agri-
« culture, sont au moins contestables.
« Normalement, nous ne devrions ja-
« mais importer de céréales ; si notre
« production égalait celle de l'Angle-
« terre, nous pourrions approvisionner
« nos voisins et leur fournir les 36 mil-
« lions d'hectolitres dont ils ont besoin.
« Malheureusement il nous arrive sou-

« vent, au contraire, d'être leurs rivaux
« sur leur propre marché et de leur
« disputer les grains que les nations
« mieux partagées envoient à Londres
« pour combler les déficits qui, chez
« nous, résultent d'un vice de produc-
« tion, et, chez les Anglais, d'un excès
« de population.

« Il importe de noter cette différence,
« car, au point de vue économique,
« elle est énorme. Pour l'Angleterre,
« l'importation des céréales est un fait
« normal, prévu, c'est une condition
« ordinaire de son économie, et cette
« importation n'influe que d'une ma-
« nière insignifiante sur sa prospérité.
« En France, au contraire, de même
« que l'exportation c'est la richesse qui
« rentre, l'importation c'est la richesse
« qui s'en va.

« Il est, du reste, une considération
« qu'il ne faut pas perdre de vue, c'est
« que l'Amérique qui, depuis si long-
« temps déjà, nous envoie le surplus
« de sa production, autrefois comme
« farines et maintenant exclusivement
« en grains, ne tardera pas à être obli-

« gée d'arrêter ce mouvement d'expor-
« tation. La production actuelle se
« trouve, il est vrai, au-dessus de la
« consommation locale, parce que les
« espaces fertiles du *Far-West* rendent
« des récoltes abonbantes à peu de frais,
« et la population de ces régions vierges
« étant clair-semée, la consommation
« locale n'absorbe qu'une faible partie
« de cette production, dont le surplus
« se dirige sur l'Atlantique.

« Mais, ce surplus se trouve en par-
« tie absorbé à son passage par les Etats
« orientaux, où la population est plus
« dense. Ainsi, l'année dernière, le sur-
« plus s'est monté à 7,200,000 hecto-
« litres, dont 4,320,000 hectolitres ont
« été absorbés par les Etats de l'Est,
« de sorte qu'il n'est resté, pour l'ex-
« portation en Europe, que 2,880,000
« hectolitres.

« Il est indubitable que les conditions
« favorables où se trouvent aujourd'hui
« les productions américaines, c'est-à-
« dire le peu de valeur des terres, leur
« fertilité naturelle, et le peu de frais
« qu'exigent les cultures ne peuvent

« pas toujours exister. Il arrivera infail-
« liblement un moment où les terres
« s'épuiseront, et il faudra alors avoir
« recours à la culture et aux engrais, et
« subir, en un mot, toutes les coûteuses
« exigences de l'agriculture européenne.
« Avec ces nouveaux échanges, l'expor-
« tation deviendra impossible, et le
« marché de Londres, qui est devenu
« l'entrepôt européen, ne recevra plus
« ces blés précieux de la Californie et
« des provinces centrales de l'Amérique,
« qui alimentent aujourd'hui toutes les
« boulangeries de luxe de l'Europe. Il
« est donc évident que, même avec la
« liberté commerciale, l'avenir de nos
« approvisionnements en France n'est
« rien moins qu'assuré.

« La conclusion naturelle qui s'impose
« aux esprits sérieux, c'est que le déve-
« loppement de notre agriculture indi-
« gène est de plus en plus une ques-
« tion d'Etat qui doit être immédiate-
« ment et sérieusement mise à l'ordre
« du jour de la politique, de la science,
« de la finance. Une fois l'exportation
« américaine arrêtée, et elle le sera for-

« cément dans un avenir rapproché,
« nous n'aurons plus que la Russie
« comme source de nos approvisionne-
« ments. Vienne une guerre ou même
« une mauvaise récolte, voilà le pain au
« prix de la farine.

« Nous avons bien l'Algérie comme
« appoint de l'avenir, et certes personne
« ne sait mieux que moi que cette riche
« colonie pourrait redevenir ce qu'elle
« était du temps des Romains : le gre-
« nier d'abondance de l'Europe. Mais au
« train où vont les choses dans cette
« pauvre France africaine, il ne faut
« guère compter d'ici à longtemps en-
« core sur sa production pour combler
« les déficits de la nôtre ou ajouter à la
« masse de nos exportations.

« Notre espoir est surtout dans les
« ressources de notre propre sol. Nos
« champs sont des mines inexploitées;
« ils recèlent des richesses qu'il s'agit
« de tirer de leur sein. C'est tout une
« révolution agronomique, il est vrai,
« mais la nécessité nous y poussera in-
« failliblement tôt ou tard. Heureux, si
« nous sommes assez sages pour nous

« en occuper dans le présent, c'est le
« seul moyen de garantir notre exis-
« tence et notre prospérité dans l'ave-
« nir. »

De la Tréhonnais : *Le pain en* 1873.

Toutes ces citations nous signalent
d'une manière assez évidente le danger
qui nous menace, tout en nous indi-
quant la nécessité d'employer les
moyens qui nous aideront à y parer.
Or, nous le répétons, le seul moyen
infaillible pour accroître notre production, de façon à la mettre au niveau des
besoins de notre population, et à fournir aux nations voisines les denrées qui
leur manquent, est dans la généralisation de la culture à la vapeur. Elle seule
peut atteindre ce but en développant au
plus haut degré la fertilité de notre sol
et en permettant à notre commerce d'exportation de soutenir hautement la concurrence avec nos voisins, et de devenir
pour ainsi dire le maître des marchés
étrangers au lieu de la place plus que
modeste qu'il y occupe aujourd'hui, surtout relativement au marché anglais.

On peut d'ailleurs facilement se rendre compte de l'énorme différence que l'augmentation de nos récoltes apporterait dans les chiffres de nos exportations et importations.

On a vu plus haut que la récolte de 1872 avait permis au commerce français d'exporter pour environ un demi-milliard de céréales. Or la culture à la vapeur, en augmentant la production dans une proportion de 50 pour cent au minimum, aurait porté ce chiffre à. 750,000,000

L'année suivante, la récolte n'a pu suffire aux besoins du pays et l'importation a atteint un chiffre à peu près égal ; ce qui n'aurait pas eu lieu avec le labour à vapeur, car cette mauvaise récolte accrue de 50 pour cent, aurait atteint une moyenne suffisante pour notre alimentation, et si elle n'avait permis l'ex-

A reporter.   750,000,000

Report.   750,000,00

portation elle aurait au
moins évité l'importation
ce qui eut conservé à la
France une somme de. .   750,000,000

Et il serait résulté pour
ces deux années un pro-
fit de l'agriculture et du
commerce français, une
différence de. 1,500,000,000

Enfin, dans son discours du 23 avril dernier, M. le ministre de l'agriculture constatait que :

« Nous avions atteint en 1873, près
« de 4 milliards de francs d'exportation,
« quand l'Angleterre est à 6 milliards
« et demi. Toutes les industries ont eu
« leur part dans ce mouvement, les
« soies, les lainages, les tissus de co-
« ton, les cuirs, les denrées alimentaires,
« les fers bruts et ouvrés. »

Cette déclaration établit donc :

1° Que l'exportation anglaise dépasse la nôtre de 2 milliards et demi par an ;

2° Que la plupart des produits que nous avons exportés font partie du domaine agricole ;

3° Et que dans la désignation de ces produits, M. le ministre ne parle en aucune façon des céréales.

Or, quand on pense qu'en mettant en pratique d'une façon générale, l'application de la vapeur à l'exploitation du sol, nous pourrions non-seulement rivaliser avec nos voisins les Anglais, mais même en raison de la proximité des deux pays et de la facilité des transports, les rendre pour ainsi dire tributaires de notre agriculture, qui arriverait facilement à leur fournir les 35 à 36 millions d'hectolitres de blé qu'ils importent tous les ans, tout en conservant un stock considérable pour nos propres besoins.

Que, de plus, l'augmentation des produits de toute sorte, tels que beurre, œufs, volailles, bestiaux, et ceux tirant leur source de l'agriculture, tels que les vins, alcools, huiles, sucre, tissus, soie, savons, peaux, cuirs, viendraient accroître également le chiffre de nos exportations, on voit que l'augmentation qui en résulterait peut largement être évaluée à plus de deux milliards par an.

On peut donc en conclure avec raison que l'application générale de la culture à la vapeur est un moyen infaillible d'accroître l'importance de notre commerce extérieur, de lui donner de l'extension et d'élever le chiffre de nos exportations à la hauteur des premières nations agricoles ou commerciales du monde entier.

En vérité, quand on remue les chiffres de l'agriculture, on reste presque effrayé des résultats prodigieux que l'on obtient, et l'on s'étonne que nos hommes d'Etat, nos économistes et nos financiers ne s'occupent pas plus sérieusement de donner un grand développement à cette branche si importante de la prospérité d'un pays. Car nos champs sont bien véritablement des mines inépuisables, jusqu'à present inexploitées ou mal exploitées, qui renferment des richesses immenses, que l'agriculture seule, si on lui donne des moyens d'action énergiques, fera fructifier pour le bien-être et la prospérité de la nation tout entière et pour l'avenir de nos générations.

Transports

Une autre considération secondaire, mais qui n'en a pas moins sa valeur relative, est celle des moyens de transport que notre entreprise mettrait à la disposition de l'agriculture, du commerce et de l'industrie.

On sait que les machines destinées au labour sont locomobiles, et qu'elles transportent elles-mêmes leur matériel de labour sur le terrain ; qu'elles peuvent s'appliquer avec avantage et économie aux transports d'engrais et de récoltes, et qu'elles peuvent être adaptées sans aucune modification à la traction des chariots sur les routes.

Leur force nominale est de 20 chevaux vapeur et, à haute pression, elle atteint la puissance de 30 chevaux.

Leur vitesse moyenne est de 5 à 6 milles anglais à l'heure.

Elles peuvent manœuvrer partout où un cheval et un homme peuvent passer, sans que les pentes ou les déclivités de terrains soient un obtacle à leur marche.

De quelle utilité ne seraient pas ces machines pour les transports dans les localités privées de voies ferrées, qu'elles pourraient remplacer jusqu'à un certain point ? Dans les landes de Gascogne, par exemple, où le défaut des moyens de transport ralentit le développement de l'industrie minière, appelée pourtant à un brillant avenir.

En Algérie et dans nos colonies, elles aideraient considérablement à l'extension du commerce, de l'industrie et de l'agriculture, en ce moment privées de prompts débouchés, ce qui arrête l'essor de ces trois éléments de la richesse publique.

Lorsque les machines ne seraient point employées au labour ou au transport des produits qu'elles auraient contribué à multiplier. Ne pourrait-on les mettre, dans les moments de chômage à la disposition des industriels ?

Sans doute il n'y aurait pas lieu de créer à cet effet des dépôts de machines, mais lorsque ces dépôts existeraient déjà, et que la location en serait peu coûteuse, quel concours ne prêteraient.

elles pas au développement de l'industrie en raison surtout de la rapidité et de l'économie qui résulteraient de ce mode de transport.

Cette économie est assez sensible pour que les industriels trouvent un véritable intérêt à en profiter. Il résulte, en effet, d'un rapport à la Société royale d'agriculture d'Anglerre, fait par M. Anderson, ingénieur de l'arsenal royal de Woolwich, que le coût du transport journalier de 150 tonnes, sur uu parcours de 16 kilomètres, avec des chevaux revenant à 130,000 fr. par an, n'est, avec des machines routières, que de 50,000 fr.; ce qui réalise une économie de 80,000 fr.

Guerre.

Aux avantages qui en résulteront pour l'agriculture, les finances et le commerce, de la fondation de la Société française du labourage à la vapeur et de la création de nombreux dépôts de machines agricoles, s'en joint un autre d'une importance non moins grande au point de vue de la sécurité du territoire et du service de notre armée en campagne.

Ces avantages peuvent ainsi se résumer :

Les dépôts agricoles établis dans tous les principaux centres de la France, pourraient, en cas de guerre, constituer un matériel de transport et d'armement précieux pour la France.

Les machines à vapeur destinées au labourage étant ainsi que nous l'avons dit, également routières, il est constant que si la France en possédait un grand nombre au moment d'une guerre, — et c'est, hélas ! un cas qu'il faut prévoir,— l'approvisionnement de ses armées en vivres, matériel et munitions, en serait considérablement modifié.

L'utilité de la vapeur pour la conduite des convois destinés au ravitaillement des armées en campagne nous a été démontrée d'une façon cruelle, mais décisive, pendant la dernière guerre. Et nous avons vu l'armée prussienne sillonner les routes de nos provinces occupées, de transports énormes de denrées, de munitions et de matériel de guerre, remorqués par des locomobiles routières et agricoles.

Qui pourrait d'ailleurs oublier le rôle que ces machines ont joué pendant les siéges de Metz, de Toul et de Paris, et comment, avec leur aide, nos ennemis acharnés d'hier, et peut-être ceux de demain, purent déjouer les efforts héroïques, de notre valeureuse armée, pour leur fermer les voies de communication ?

Or, les dépôts établis par notre Société tiendraient, en cas de guerre, à la disposition de l'Etat, sur toutes les parties du territoire, et pour ainsi dire instantanément, un matériel de locomotion prêt à être utilisé pour les besoins de l'armée et pour les rapides transports de vivres, munitions, artillerie, matériel de campagne, etc., etc. Ce qui permettrait de supprimer les longs convois de voiture dont nos corps d'armée sont accompagnés, éviterait l'encombrement des routes et faciliterait ainsi la rapide concentration d'une armée.

L'utilité de ces machines se ferait surtout sentir pour suppléer dans certains cas, au manque de voies ferrées ou à leur insuffisance, en permettant d'établir des services de transport entre les gares et le centre des divisions militaires ; elles serviraient ainsi comme de prolongement aux lignes de chemins de fer.

Elles pourraient, et c'est le cas où elles ont rendu le plus de services à l'armée prussienne, remplacer les voies ferrées que les nécessités de la guerre forcent à couper, ou celles qui se trouveraient soit au pouvoir de l'ennemi, soit trop exposées à son feu pour pouvoir être employées.

Pendant une bataille, l'artillerie de campagne ou de siége, sera par ce moyen, facilement et rapidement transportée sur tous les points menacés, quelle qu'en soit la nature, quelles que soient les difficultés du terrain. Aucun obstacle de ce genre n'arrêtant la manœuvre des locomobiles à vapeur.

Elles sont dans tous les cas appelées à remplacer les chevaux qui, pour une cause fortuite, viendraient à manquer, avec cet énorme avantage d'une célérité supérieure et d'une plus grande force de traction.

Et enfin les machines qui peuvent

être facilement blindées et armées de canons, se transformeraient au besoin en engins de guerre redoutables, avec lesquels on pourrait pénétrer jusqu'au cœur de l'action et causer dans les rangs ennemis des ravages assez importants pour assurer l'issue favorable d'un combat.

Nos dépôts pourraient être principalement établis dans les dix-huit chefs-lieux de commandements militaires ; et chacun de ces chefs-lieux aurait son matériel de traction qui se trouverait en cas de guerre à la disposition de l'armée avec ses ouvriers, conducteurs, chauffeurs, mécaniciens, etc., lesquels formés, disciplinés et embrigadés, seraient tout prêts à répondre au premier appel de l'autorité militaire, qui trouverait en eux un excellent et utile personnel.

On peut maintenant se rendre compte de l'importance considérable que pourront avoir nos machines en temps de guerre ; et si nous ajoutons que ce matériel pacifique de l'agriculture et de l'industrie ne coûterait absolument rien à l'Etat, tout en étant à sa disposition immédiate, on reconnaîtra l'intérêt immense que notre fondation présente pour l'administration de la guerre, dont elle est appelée peut-être dans l'avenir à être un des moyens de défense les plus précieux.

La création de nos dépots aura ainsi le double résultat de rendre la paix féconde, tout en étant pour la guerre un intelligent et sérieux complément. Ne serait-il pas à souhaiter que les engins militaires puissent avoir dans la paix un emploi analogue aux machines du labourage à la vapeur ?

Intérêts sociaux

De graves intérêts sociaux se rattachent aussi étroitement à cette question du labourage à la vapeur ; et sa vulgarisation peut être considérée comme une œuvre véritablement philanthropique au point de vue de l'ordre, de la morale et de la paix publique.

L'expérience nous a prouvé que la cause première de toutes nos révolutions provient le plus souvent de la cherté des subsistances, des souffrances qu'elle fait éprouver à la population ouvrière des villes, en développant chez elle la haine et l'envie contre le riche, contre le privilégié des jouissances matérielles, qu'elle atteint peu ou point. Et quel est celui d'entre nous qui, dans un but humanitaire, n'a pas cherché le moyen d'assurer le bien-être de tous en résolvant ce problème, jusqu'ici insoluble : la vie à bon marché.

Or, la culture à la vapeur, en multipliant à l'infini la production du sol, aura pour conséquence forcée d'amener une notable diminution dans le prix des denrées et notamment du pain et de la viande, ces deux principaux éléments de l'alimentation publique. En développant ainsi le bien-être matériel de la population, ne fera-t-elle pas faire un grand pas à la solution tant cherchée de l'extinction de la misère, dont se préoccupent depuis si longtemps les économistes et les philanthropes ? et ne peut-on espérer, par ce moyen, éteindre ou atténuer sensiblement les haines qui divisent certaines classes de la société ?

En faisant, d'ailleurs, participer la petite et la moyenne cultures aux avantages du labourage à la vapeur, notre entreprise atteindra sous un autre point de vue, un résultat des plus satisfaisants, puisqu'elle leur donnera les mêmes moyens de production que, *seule* aujourd'hui, peut posséder la grande culture.

En effet, la culture à la vapeur est restée jusqu'à présent le privilége exclusif des grands propriétaires qui peuvent parer aux frais que nécessite l'achat d'appareils coûteux. Et même, dans les moyens que l'on recherche aujourd'hui pour développer les progrès de notre agriculture, tout en améliorant le sort de nos cultivateurs, tels que les concours, les comices, les expositions, toutes choses dont l'utilité est assurément incontestable au double point de vue des encouragements qu'ils distribuent et de l'émulation qu'ils font naître, c'est encore la grande culture qui a la plus belle part, et elle seule qui recueille les primes d'honneur, les médailles, etc., puisqu'elle seule peut disposer du capital considérable qu'exigent les travaux d'une ferme modèle.

Cependant la petite et la moyenne cultures constituent la masse ; mais sans moyen d'acquérir les engins mécaniques employés dans les grandes exploitations, elles se trouvent réduites à un état d'infériorité que font d'autant plus ressortir ces concours, ces comices et ces expositions, et qui, dans un temps donné, peut, de guerre lasse, les faire renoncer à une industrie qui ne leur offre plus en échange de leurs travaux des bénéfices suffisamment rémunérateurs pour leur assurer le confort nécessaire à la vie. De ce vice naîtrait indubitablement pour la France l'émigragration sur une grande échelle. Déjà elle a commencé à transformer nos ouvriers des champs en ouvriers des villes. L'agriculture française, déjà si peu prospère, décroîtrait alors rapidement et nous perdrions la source la plus importante de notre richesse et de notre splendeur.

La vulgarisation du labourage à la vapeur, en amenant l'égalité dans les moyens de production, anéantira certainement toutes ces craintes trop fondées.

Elle permettra au petit cultivateur de soutenir la concurrence et de tirer un profit suffisant pour assurer son bien-être et celui de sa famille ; elle l'attachera au sol, elle lui conservera ses habitudes simples et naïves, ses croyances traditionnelles ; elle mettera ses moyens au niveau des dépenses que nécessiteront ses travaux journaliers, puisque, moyennant un prix minime de location, il trouvera sur toute l'étendue du pays l'agent fertilisateur qui fera à son champ au-delà de ce qu'il peut attendre maintenant.

Mais pour que tous ces résultats soient atteints, il est une condition : c'est que le labourage à la vapeur soit établi sur une grande échelle. Restreint, il ne se développerait toujours que dans les grandes propriétés, ne produisant que des résultats partiels et inappréciables ; tandis que son application générale devient une institution française dont les bienfaits sont incalculables.

« Augmenter le rapport de la terre, « a dit un écrivain distingué, c'est « abaisser le prix des denrées alimen-

« taires de première nécessité, c'est
« augmenter et répartir également entre
« tous les conditions de bien-être les
« plus désirables, c'est niveler de la
« meilleure façon les classes sociales
« aujourd'hui rivales ou ennemies, c'est
« avant tout relever l'agriculture qui
« soutient mal l'effort qu'on lui de-
« mande, et dont l'avenir serait si bril-
« lant dans notre pays si on lui créait
« des conditions meilleures.

La Liberté, 15 février 1874.

De son côté, M. de la Tréhonnais tire de son étude sur la *Vapeur dans les champs*, les conclusions suivantes :

« Le ministère de l'agriculture a un
« budget spécial destiné aux encourage-
« ments du progrès agricole, ne lui se-
« rait-il pas possible d'appliquer une
« partie de ce budget à subventionner
« des sociétés locales de culture à va-
« peur? Quand on voit même que l'é-
« cole de Grignon dont le fermier re-
« çoit une subvention de 35,000 francs
« pour ouvrir son exploitation dite mo-
« dèle à l'étude des élèves, ne possède
« point d'appareil de culture à vapeur,

« il est temps que l'administration, si
« elle a vraiment à cœur le progrès de
« l'agriculture, s'occupe un peu de cette
« question vitale du labourage à vapeur
« et porte quelque peu ses encourage-
« ments dans cette direction. »

(DE LA TRÉHONNAIS).

M. Louis Hervé déclare hautement la
nécessité de notre entreprise, quand il
dit :

« Au moment où les débâcles finan-
« cières donnent de si rudes leçons aux
« malheureux qui jettent leurs capitaux
« dans le gouffre de l'agiotage et de la
« spéculation financière, ne se trou-
« vera-t-il pas un groupe de propriétaires
« assez hardis d'une hardiesse ration-
« nelle pour doter la France d'une So-
« ciété de labourage à vapeur, qui au-
« rait devant elle la perspective de sé-
« rieux bénéfices, en doublant ceux de
« sa clientèle agricole et viticole, et en
« faisant faire un pas immense à la so-
« lution du problème le plus inquiétant
« pour notre avenir agricole ?

« Nous espérons que l'année 1874 ne
« se passera pas avant de voir une ou

« plusieurs sociétés de ce genre sur
« pied. »

Et comme pour appuyer cette espé-
rance, il cite ce fait dans un autre article :

« Nous connaissons plusieurs proprié-
« taires de la Beauce, qui se trouvaient
« en mars 1871, dans la même situation
« que MM. Tétard, et qui, n'ayant pas
« pu ou su recourir au même moyen de
« salut, subissent depuis trois ans des
« pertes énormes, par suite de l'impuis-
« sance où ils se sont trouvés de re-
« constituer leurs moyens de culture :
« matériel, animaux de trait, fourrages,
« etc. L'un d'eux, ancien élève de l'ins-
« titution de Beauvais, nous affirmait
« dernièrement que même en mars 1874,
« ses moyens de culture étaient encore
« insuffisants, et que l'introduction de
« la vapeur chez lui et chez ses voisins,
« rendrait des services incalculables, et
« dont le cas de MM. Tétard offre un
« aperçu qui nous dispense de toute dé-
« monstration.

« La culture française emploie actuel-
« lent plus de 5,000 machines à battre.

« Supposez le remplacement de ces ma-
« chines par l'appareil à labourer. Im-
« médiatement une révolution économi-
« que s'opère dans les fermes. La ma-
« chine nouvelle remplace à la fois la
« machine ancienne au service de la
« batteuse et les animaux de trait aux
« labours, ensemencements, hersages,
« etc., ainsi qu'aux gros transports.
« Cette révolution prochaine est aussi
« inévitable que l'était hier l'événement
« de la machine à moissonner, et il y a
« vingt ans, la vulgarisation de la ma-
« chine à battre. »

(Louis Hervé. — Le *Français*,
24 mai 1874.)

M. Liébant termine ainsi un de ses
rapports en conseillant à l'agriculteur
d'appliquer la culture à vapeur à l'exploitation de son sol :

« Il fera ainsi un placement de fonds
« qui vaut certes mieux que beaucoup
« d'autres ; il augmentera ses récoltes,
« il améliorera ses terres, et il pourra
« goûter la satisfaction d'avoir concouru
« à la mise en valeur du sol de la pa-
« trie ! »

Unisssons nos vœux à ceux de nos écrivains agricoles, unanimes sur ce point, nous pouvons le proclamer hautement : notre entreprise est le seul moyen d'atteindre ce but éminemment philanthropique.

VI

Les Objections

Un certain nombre d'objections ont été soulevées contre le labourage à la vapeur, elles peuvent se résumer dans les suivantes :

1° La division de la propriété et le morcellement des cultures.

2° La difficulté de son application à la culture de la vigne.

3° L'oisiveté dangereuse qui en résulterait pour l'ouvrier des campagnes.

4° La dépense que nécessiterait l'achat des appareils et leur entretien.

Comme toutes les choses utiles qu'appelle le progrès et qui touchent aux intérêts particuliers, tout en produisant un bien général, ce nouveau mode de culture, préconisé par tous les hommes soucieux du développement de l'agriculture et des avantages immenses qui en résulteront pour le pays, a ses détracteurs, que caractérisent ainsi MM. de la Tréhonnais et l'abbé Moigno :

« Certes, quand il s'agit d'un progrès
« quelconque, les objections ne man-
« quent point à ceux qui n'en veulent
« pas ou ne le goûtent que médiocre-
« ment. Et la culture à vapeur a le don
« de soulever une opposition passionnée,
« surtout chez ceux qui ayant les
« moyens d'acheter un appareil, hési-
« tent à dépenser leur argent, et chez
« ceux qui n'en ayant pas les moyens,
« cherchent à se consoler de leur im-
« puissance en dénigrant la chose. »

De la Tréhonnais : *La Vapeur
dans les champs.*

« On a soulevé des objections contre
« tout, dit de son côté M. l'abbé Moi-
« gno, même contre le mouvement que
« l'on déclarait impossible. Poussé à
« bout par un sophiste à tout crin, l'a-
« vocat du mouvement eut recours à un
« argument sans réplique : il marcha.
« Faisons en sorte que le labourage à
« vapeur marche à son tour, et il aura

« invinciblement démontré sa possibi-
« bilité et ses avantages incomparables.»

L'abbé MOIGNO : *Le Labourage à
la Vapeur.*

La première des objections formulées
a été traitée dans un article de la *Liberté*
auquel nous empruntons ces lignes :

« Quels sont les obstacles qui s'oppo-
« sent, en France, au développement
« de la culture à la vapeur ?

« En première ligne, on a objecté
« la division de la propriété rurale en
« France. Le labour à vapeur n'aurait
« d'utilité que pour les pays à grandes
« propriétés comme l'Angleterre, ou
« pour les pays de plaines comme la
« Russie, la Hongrie, l'Algérie et l'Amé-
« rique. Il semble, à entendre cette ob-
« jection, que la France, soit un pays
« de montagnes. « Il est évident, dit
« M. Lecouteux, que l'agriculture aux
« infiniment petits n'a rien à voir dans
« l'affaire du labournge à la vapeur,
« car c'est tout au plus si elle peut se
« servir de la charrue. Prenons la masse,
« c'est-à-dire la grande et moyenne
« culture, avec leur régime d'enclaves

« et de pièces de terre enchevêtrées
« et plus ou moins étendues. Est-ce que
« le labourage à vapeur ne peut s'y
« installer par entreprise, comme cela
« se fait pour les battages à façon ? Nous
« croyons, quant à nous, que la pro-
« fession de laboureur à entreprise s'or-
« ganisera bientôt. Il nous paraît qu'il
« n'y a pas un obstacle absolu dans le
« morcellement du sol, et nous croyons
« même que le labourage à la vapeur,
« pour peu qu'il subisse quelques perfec-
« tionnements, deviendra lui-même un
« obstacle au trop grand démembre-
« ment de la propriété rurale.

« Tant que l'agriculture n'a eu que la
« charrue et la bêche, il a été possible
« de pousser la division du sol jus-
« qu'à la limite où la culture à la
« charrue et à la bêche était plus ou
« moins rémunératrice.

« Mais le jour où l'exploitation du sol
« pourra se faire économiquement par
« de très-puissantes machines, ce jour-
« là ces machines auront voix au cha-
« pitre dans la question du morcelle-
« ment territorial. Evidemment alors,

« elles changeront les conditions d'é-
« quilibre de la grande, de la moyenne
« et de la petite culture ; car, plus nous
« irons vers la généralisation du prin-
« cipe de la division du travail, plus
« l'agriculture devra s'organiser pour
« produire à bon marché. Il faut déses-
« pérer de l'avenir agricole de nos plus
« riches pays d'aujourd'hui, si le mor-
« cellement du sol y constituait un obs-
« tacle absolu à l'adoption des grandes
« machines. Prenons-y garde ; entre les
« pays les plus avancés en richesses de
« toutes sortes et les pays à terres
« vierges : entre les pays à territoire de
« haute valeur foncière et locative, et
« pays de terres à bon marché : entre
« les pays à nombreuse population, à
« gros salaires et à gros impôts et les
« pays à petite population, à petits sa-
« laires et à très-petits impôts, il n'y a
« plus de distance maintenant. Supposez
« donc que par les machines à moisson-
« ner, et par les machines à labourer,
« la spéculation se mette énergiquement
« à exploiter ces derniers pays, quelle
« concurrence autrement redoutable que

« celle du passé ! Que d'importations
« sur notre vieux marché !

« Les machines domineront tôt ou
« tard la situation agricole, comme elles
« dominent depuis longtemps la situa-
« tion industrielle.

« Pense-t-on sérieusement que le
« système de cultures usitées dans cer-
« taines régions de la France pour mar-
« quer les divisions de la propriété soit
« un obstacle réel.

« Mais si le propriétaire, ne voyant
« pas son véritable intérêt, persistait à
« gêner ainsi la culture du voisin, ne
« peut-on, du jour au lendemain, édic-
« ter une loi qui fasse tomber ces bar-
« rières ? Quoi de plus simple ?

« Un obstacle plus sérieux est celui
« qui règle actuellement les rapports
« entre le propriétaire et le fermier. La
« culture à la vapeur est surtout avan-
« tageuse au propriétaire. Elle améliore
« le sol, augmente l'épaisseur de la
« couche fertile, amende souvent le
« sol par le sous-sol, favorise les fortes
« fumures, exécute un drainage efficace.
« Mais le fermier se décidera-t-il à faire
« les frais de la culture à la vapeur ?

« Une machine motrice ne peut pas
« traverser les mauvais chemins ni les
« fondrières que l'on rencontre dans
« nombre de propriétés. Le fermier ne
« peut, à ses risques et périls, créer de
« bonnes routes empierrées. Une ma-
« chine ne peut travailler avantageuse-
« ment dans des pièces de forme poly-
« gonale ou irrégulière, et le fermier ne
» peut entreprendre à ses frais des re-
« dressements ni consentir à des
« échanges de parcelles avec des pro-
« priétaires voisins, afin d'obtenir des
« limites suivant des lignes droites, si
« bien appropriées à la culture à la va-
« peur. M. Clarke, rapporteur d'une
« commission d'enquête en Angleterre,
« déclare que le drainage doit être
« exécuté par le propriétaire, qui doit
« aussi faire enlever les arbres venus
« çà et là au milieu des champs, et faire
« élaguer les haies vives. Mais ce n'est
« pas là une question spéciale au la-
« bour à vapeur ; elle est liée à la grave
« question de l'indemnité due au fer-
« mier sortant.
« On a exagéré la nécessité des bon-

« nes routes pour aller d'un chemin à
« un autre. Cependant il faut, pour que
« les appareils fassent un bon service,
« que le sol ne soit pas trop pierreux,
« qu'il soit dégagé de haies, d'arbres,
« de remises à gibier, d'accidents de
« terrain trop prononcés. . . . . .

« Mais M. Grandeau, après avoir fait
« fonctionner devant lui les appareils
« de culture à vapeur dans toutes les
« conditions possibles, fait hautement
« la déclaration suivante : « Il est au-
« jourd'hui démontré, pour ceux qui
« ont suivi le travail des appareils,
« qu'aucune des objections adressées *a*
« *priori* au labourage à vapeur, et tirées
« de la nature des sols, des pentes
« qu'ils offrent, de la difficulté des che-
« mins, ne repose sur aucun fondement
« sérieux. Les moins faciles à con-
« vaincre se sont rendus à l'évidence.
« La question du labourage à vapeur
« est résolue, de l'avis de tous. »

« Et M. Liébaut, citant cette déclara-
« tion, ajoute : « Qu'elle est rigoureuse-
« ment exacte au point de vue techni-
« que, et que la question se réduit sim-

« plement à une question de prix de re-
« vient. »

La Liberté, 7 avril 1874.

La seconde objection soulevée contre le labourage à la vapeur, et relative à la difficulté de son application à la culture de la vigne, se trouve également réduite à néant par les résultats obtenus à la suite d'essais et d'expériences couronnés des plus complets succès, et M. Louis Hervé, dans son numéro du *Journal des Campagnes* du 11 avril dernier, constate que, dans les vastes vignobles du Midi et du Bordelais, les machines sont appliquées aux façons de la vigne, en adaptant au cultivateur un accessoire ingénieux nommé *chasse-ceps*, qui a pour objet d'écarter les sarments qui encombrent le passage de la charrue.

Et il cite ce fait :

Que, dans l'Aude, M. Louis de Martin, agriculteur distingué de ce département, membre de la société des agriculteurs de France, emploie les machines à vapeur pour le labourage de ses vignes.

· Et, dans un autre article publié par le *Français* du 24 mai dernier, le même auteur signale des essais tentés dans des vignes aux environs de Narbonne, qui ont produit les résultats les plus satisfaisants.

Enfin, nous avons vu plus haut que, dans son enquête sur le labourage à la vapeur, M. Liébau[1] constate que, par ce moyen, la culture de la vigne a été rendue possible dans des terrains où elle n'aurait jamais paru par les moyens ordinaires.

Cette objection n'est donc pas sérieuse ni de nature à arrêter ou entraver le développement de cette méthode de culture.

Mais, même en admettant qu'elle soit difficilement applicable à la culture de la vigne, les résultats obtenus pour toutes les autres productions agricoles, sont d'une assez grande importance pour faire considérer la vulgarisation de la vapeur comme une œuvre véritable d'utilité publique, appelant l'adhésion et le concours de tous les hommes véritablement désireux de coopérer à l'accroissement et à la prospérité du pays.

Relativement à la troisième objection, M. l'abbé Moigno en fait justice dans l'article suivant :

« Je signale une autre objection qui
« est celle-ci : Vous voulez donc faire
« de tous nos paysans des fainéants,
« les condamner à une oisiveté immo-
« rale? Oh non ! Nous voulons tout
« simplement suppléer aux bras qui
« manquent déjà, qui manqueront in-
« failliblement de plus en plus, si l'on
« n'améliore pas le sort de l'ouvrier des
« campagnes. Nous voulons affranchir
« les laboureurs du travail le plus long,
« le plus grossier, le plus pénible, le
« plus ingrat; du travail que toutes ses
« forces réunies n'accomplissent pas
« dans des conditions nécessaires pour
« assurer une récolte suffisamment
« abondante. Nous voulons soulager
« son corps au bénéfice de son âme, de
« son intelligence et de son cœur.

« Jamais les bras de nos chers culti-
« vateurs ne seront plus activement,
« plus utilement, plus agréablement oc-
« cupés que lorsqu'ils auront pour auxi-

« liaires de tous les jours, les engins
« mécaniques ou à la vapeur. En outre
« des grandes cultures, des céréales, de
« la vigne, du sucre, de la soie, il en est
« beaucoup d'autres appelées à donner
« à l'homme des champs le bien-être
« et le bonheur matériel possibles ici-
« bas. La culture des légumes, la cul-
« ture des arbres fruitiers, la culture
« des fleurs.

« Il y a là des sources de richesses
« encore inconnues ou que nous com-
« mençons à peine à connaître et à ex-
« ploiter. Elles étaient presque impos-
« sibles, ces cultures, au moins com-
« mercialement parlant, pour le fermier
« condamné à la charrue ; elles seront
« faciles pour le fermier émancipé de
« la charrue. Nous verrons alors, et
« alors seulement, les arts du maraî-
« cher et du jardinier embellir et enri-
« chir notre France. Oui nous pouvons,
« nous devons augurer une existence
« imcomparablement meilleure au cul-
« tivateur dispensé d'une fatigue exces-
« sive par les auxiliaires qu'un progrès
« bienfaisant lui aura donnés, rendu à

« lui-même et à la pratique de ses de-
« voirs de chrétien et de citoyen, mieux
« défendu de la misère par la multipli-
« cation des denrées alimentaires et la
« diminution de leurs prix. . . . . .

. . . .

« Le sort en est jeté; les besoins se-
« ront de plus en plus exagérés, la vie
« des champs de plus en plus insup-
« portable et abandonnée; et si nous
« ne nous empressons pas d'inaugurer
« le règne de la mécanique et de la va-
« peur, nos campagnes seront tellement
« dépeuplées qu'il faudra renoncer à la
« grande et à la moyenne culture, reve-
« nir peut-être à la vie pastorale sans les
« charmes, hélas! qu'elle pouvait offrir
« dans les premiers âges du monde. Et
« alors notre France, redevenue étran-
« gère aux sciences et à l'industrie ne
« serait plus une grande nation, pas
« même une nation, mais un désert. »

« En résumé, ajoute encore le même
« auteur, la seule objection sérieuse est
« la dépense que nécessiterait l'achat
« des appareils, leur entretien et leur
« fonctionnement. Or, cette dépense est

« entièrement faite et supportée avec
« profit pour elle, avec plus de profit
« encore pour les cultivateurs, proprié-
« taires ou fermiers, par la Société du
« labourage à vapeur. L'hésitation n'est
« donc pas possible ou du moins elle
« est déraisonnable ; et voilà pour-
« quoi nous répétons encore en finis-
« sant, que l'apostolat de M. J. Besset
« sera fécond, bienfaisant et glorieux. »

L'abbé MOIGNO : *Le Labourage à
la vapeur.*

Pour compléter la pensée de M. Moigno, relativement à la quatrième objection contre le labourage à la vapeur,
empruntons encore quelques lignes à
l'article de la *Liberté* déjà cité.

« En effet, la seule objection sérieuse
« nous l'avons dit, est la dépense que
« nécessite l'achat des appareils et leur
« entretien pour lequel on ne peut trou-
« ver d'ouvriers convenables à des dis-
« tances accessibles. M. Liébaut ajoute
« que ces obstacles disparaissent quand
« il s'agit des associations pour le la-
« bourage à vapeur.

« La division de la propriété n'a plus

« autant d'inconvénients. Les fermiers
« regarderont.beaucoup moins à payer
« la somme voulue à l'association qu'à
« acheter l'appareil. L'association pourra
« avoir à elle un atelier de réparations
« suffisant, des pièces de rechange, des
« ouvriers choisis, etc.

« Et M. Liébaut, conclut de son en-
« quête que ces associations, pour réus-
« sir dans ces conditons, doivent avoir à
« leur disposition le capital le plus grand
« possible, que les actionnaires doivent
« être de grands cultivateurs voisins,
« sachant bien que le véritable dividende
« à demander à l'entreprise *est l'augmen-*
« *tation des récoltes et la plus-value du*
« *sol,* que l'association doit encore, si
« elle le peut, organiser des équipes de
« labourage et de battage à vapeur,
« dans le plus possible de centres agri-
« coles, car elle augmentera la sphère
« d'action sans augmenter proportion-
« nellement les frais généraux, et on
« diminuant notablement les dépenses
« résultant des déplacements et des
« chômages. »

La Liberté, 7 avril 1874.

A tous ces résultats matériels déjà acquis à la vulgarisation de la culture à vapeur, il faut ajouter un fait moral de la plus haute importance, puisqu'il tend à développer chez nos cultivateurs les facultés de l'intelligence, tout en leur créant par le bien-être et la prospérité une source nouvelle de jouissances intimes.

En les affranchissant des plus longs et des plus pénibles travaux de la culture, on leur permet de se livrer à l'étude et d'acquérir tous les éléments d'instruction indispensables aux travaux multiples dont ils sont les assidus collaborateurs.

Ils s'attachent ainsi à la vie agricole qui devient pour eux féconde et prospère et aux saines traditions de la famille, liées aux traditions de la terre elle-même.

L'instruction qu'ils auront pu acquérir, les mettra à même d'appliquer leur intelligence à la création de certaines industries qui, n'exigeant pas une grande mise de fonds, seraient dans bien des cas, d'excellents auxiliaires de la ferme.

Ainsi profitant des forces de la vapeur, le petit cultivateur pourrait établir des brasseries, des distilleries, des féculeries modestes ; des fourneaux pour la préparation des sirops ou pour cuire à la vapeur, les betteraves, les pommes de terre, l'orge, etc.

Il pourrait établir également des moulins à céréales ou à huiles, et tant d'autres établissements dont l'exploitation correspond justement aux époques de chômage en agriculture.

Donc, loin d'être pour eux un prétexte de rester inactifs, l'usage de la vapeur ouvrirait au contraire, à nos paysans, de nouveaux débouchés à leur activité, et leur assurerait un surcroît de profit tout en augmentant la richesse productive du pays.

Ajoutons que la plupart des résidus provenant de ces diverses industries, permettent de pratiquer l'engraissement du bétail à l'étable, et d'augmenter ainsi la production du fumier et des engrais. Les cultivateurs ont donc un véritable intérêt à associer une de ces industries aux avantages de l'exploitation du sol.

Tous ces arguments, appuyés sur l'o-
pinion des plus célèbres agronomes de
France, prouvent surabondamment
qu'aucune des objections soulevées au
sujet du labourage à la vapeur, ne repose sur un fondement sérieux, quand
il s'agit d'une vaste association comme
celle que nous proposons, et les quelques lignes suivantes de M. Louis Hervé
nous serviront de victorieuse conclusion.

« On objectera la division du sol, le
« morcellement des cultures, les fossés
« les haies, l'obstination de la routine
« etc. Le temps fera justice de ces ob-
« jections comme il a fait justice de celles
« qu'on opposait aux machines à battre.
« L'énormité des avantages finira par
« parler plus haut que toutes les fins de
« rejet ou d'ajournement. Il est cons-
« taté aujourd'hui en Angleterre que
« tout compensé, la vapeur produit un
« bénéfice *net* de 30 à 40 pour cent à
« ceux qui la substituent aux forces ani-
« males dans leurs labours et leurs
« transports. Quel est le fermier qui
« hésitera dans la perspective assurée

« d'un tel accroissement de bénéfices ? »
Louis Hervé. — Le Français,
24 mai 1874.

L'entreprise pour laquelle nous sollicitons l'appui et le concours de l'Etat, est donc justifiée dans son principe ; nous avons vu qu'elle l'était dans ses résultats ; il nous reste maintenant à démontrer qu'elle l'est également dans sa forme, et que la garantie temporaire que nous demandons, sera de la plus minime importance comparativement aux avantages considérables qui en seront la conséquence.

<h1 align="center">VII</h1>

<h3 align="center">De la Garantie de l'Etat</h3>

Nous venons de développer suffisamment les immenses avantages qui découleront pour le pays et l'Etat, de la vulgarisation de la culture à la vapeur, par les résultats financiers dont nous avons donné un aperçu, par l'impulsion nouvelle qu'en recevront notre agriculture, notre commerce et notre industrie, et enfin par l'accroissement prodi gieux qu'elle apportera aux produits de nos récoltes.

Nous avons aussi analysé l'avis des agronomes et des écomistes les plus compétents qui ont traité cette matière et démontré l'impossibilité de la résoudre autrement que par une vaste et puissante association, disposant d'un capital assez imposant pour lui permettre d'étendre son action dans tous les centres agricoles de la France et de l'Algérie.

Or, pour obtenir de féconds résultats, un capital de 25 millions divisé en 50,000 actions de 500 francs, nous semble nécessaire.

Mais pour donner à une société de cette importance le prestige et le caractère sérieux qui assurent le succès d'une grande entreprise, il nous paraît indispensable de solliciter l'appui et le concours de l'Etat, sous la forme d'une garantie d'intérêts à 6 pour cent pendant trente ans.

Cette demande est-elle exagérée ? Sera-t-elle onéreuse pour l'Etat et peut-on, dès à présent, prévoir qu'elle ne sera que fictive et ne produira qu'un effet nominal et purement moral ?

C'est ce que nous allons examiner.

L'Etat n'a jamais refusé son concours à une entreprise d'intérêt public, et malgré la nécessité des réformes économiques, l'Assemblée ne s'est pas montrée hostile aux dépenses qui ont pour objet d'accroître les revenus publics et la richesse nationale. Le gouvernement a même prévu le cas où il devrait prêter ce concours à des œuvres utiles, dans un rapport présenté par M. le ministre des finances au mois d'octobre 1873.

En établissant l'utilité des dépenses pouvant résulter du concours financier prêté à l'organisation d'entreprises industrielles, M. le ministre admet :
« Que ces dépenses sont productives et
« ne constituent qu'une transformation
« de valeur, comme celles du chemin
« de fer et autres créations qui profitent
« à la fois au présent et à l'avenir, et
« augmentent l'avoir mobilier et immo-
« bilier du pays. »

Et, afin de faire face à ces dépenses éventuelles, M. le ministre établit dans

son budget un chapitre relatif « aux dé-
« penses dues à des causes accidentelles
« ou qui aboutissent à des créations de
« richesses. »

Il a donc reconnu en principe l'utilité
des dépenses faites pour aider les entreprises industrielles qui ont un but
d'intérêt public.

Sous ce rapport, notre création se présente avec tous les caractères qui la
mettent au premier rang. Telle est, à cet
égard l'opinion de tous les hommes
compétents, parmi lesquels elle s'ho-
nore de compter MM. Teisserenc de
Bort, lequel, lorsqu'il était ministre de
l'agriculture, écrivait à son promoteur,
M. J. Besset, le 19 août 1872 :

« L'administration reconnaît parfaite-
« ment les grands services qu'une so-
« ciété de ce genre pourrait rendre à
« l'industrie agricole de la France, par
« l'extension d'un mode de culture
« dont les résultats sont connus et ap-
« preciés. Elle l'encourage de tous ses
« vœux, la recommandera même à l'at-
« tention des sociétés savantes agricoles,
« favorisera les essais par des prix à
« décerner dans les concours, etc. »

Et le 29 du même mois :

« Dans le cas où vous constitueriez
« une société, je m'efforcerais, dans la
« limite de mon action administrative
« de favoriser son développement et
« ses travaux. »

De son côté, M. de Larcy, ministre
des travaux publics, écrivait à M. Besset, le 18 février dernier :

« Une société fondée dans le but de
« vulgariser la culture à la vapeur en
« France mériterait d'être encouragée
« si elle se présentait avec toutes les
« garanties nécessaires. »

Des approbations aussi hautes et
aussi formelles peuvent donner la mesure de l'opportunité de notre œuvre et
lui ouvrent des chances indubitables à
l'appui actif et au concours financier de
l'Etat.

Cette garantie que nous demandons,
est-elle excessive ou exagérée?

Nous ne citerons pas les pays étrangers où les gouvernements souscrivent
à perpétuité des garanties d'intérêts de
7 et jusqu'à 12 pour cent, pour des entreprises bien autrement aléatoires. Ce-

pendant sur les grands marchés d'Europe où ces affaires se traitent, on est accoutumé à des taux élevés.

Mais en France on garantit de 4 1/2 à 5 pour cent à perpétuité à des compagnies industrielles qui sont, en outre, subventionnées par l'Etat, bien que leur objet soit d'une importance moindre que la généralisation de la culture et le surcroît du bien-être qui résulte pour tous de la richesse agricole. Faut-il dédaigner cette richesse en attendant que les actionnaires aient baissé le ton de leurs exigences?

Il est à remarquer que ces garanties et subventions sont plus onéreuses pour les finances de l'Etat que ne le sera la simple garantie trentenaire que nous sollicitons; que ces subventions et garanties sont accordées à perpétuité à des entreprises qui, pour la plupart, n'en ont pas besoin, leur exploitation portant sur des objets connus dont le public et les capitalistes ont été à même d'apprécier depuis longtemps les résultats financiers et auxquelles ils n'hésiteraient pas à confier leurs capitaux, alors même

que les intérêts n'en seraient pas ga-
rantis par l'Etat.

Il est facile d'établir l'énorme différence qui existera entre les subventions
et les garanties d'intérêt accordées aux
chemins de fer et autres compagnies industrielles et la garantie temporaire de-
mandée pour la formation de la Société
française du labourage à la vapeur. Le
rapport de M. de Montgolfier sur la situation financière de l'Etat vis-à-vis des
compagnies de chemins de fer, nous
fournit les éléments nécessaires pour en
établir l'importance.

Ce rapport constate : « Que le montant des subventions tant en argent
qu'en travaux que l'Etat a payées aux
chemins de fer, s'élève à 1,638,000,000
et que la garantie d'intérêt qu'il leur accorde s'élève annuellement à environ
25,000,000. »

Or, l'Etat n'a perçu pour 1872 que
162,767,800 francs de bénéfice sur les
diverses lignes de chemins de fer ; soit
environ 10 pour cent du montant total
des subventions et non compris la ga-

rantie d'intérêts. il y a donc un déficit assez sensible pour le trésor.

M. le ministre de l'agriculture dans son discours du 22 avril dernier, établit ainsi le montant de ce déficit :

« Nous avons, il est vrai un impôt de
« 5 pour cent sur le transport intérieur ;
« mais nos voies navigables n'ont pas
« été frappées jusqu'ici, et pour les
« chemins de fer, s'ils ont à nous payer
« 20 millions sur la petite vitesse, nous
« leur restituons aux termes de lois an-
« térieures, près de 40 millions comme
« garantie d'intérêts. »

On voit que dans ce cas l'Etat avance le double de ce qu'il reçoit.

Or, qu'on le remarque bien, la garantie que nous sollicitons seulement pour une durée de 30 années sur un capital de 25 millions au taux de 6 pour cent, ne représente annuellement qu'une somme de 1,500,000 fr., alors que le Trésor reçoit en échange un surcroît de revenus de *quatre-vingt-trois millions*, ce qui ne porte son avance qu'à 1 fr. 80 pour cent de ses recettes.

Telle est la différence qui existe entre

cette garantie temporaire et celle accordée aux compagnies de chemins de fer.

On objectera sans doute que dans notre situation financière actuelle, une somme de 1,500,000 francs, prélevée chaque année sur le budget de l'agriculture, grèverait notablement nos finances ; mais cette objection disparaît d'elle-même, quand on songe que les bénéfices procurés à l'Etat par notre entreprise, *seront de beaucoup supérieurs à la somme dont il pourrait avoir à faire l'avance*; et que d'un autre côté ils diminueront sensiblement, si même ils ne la rendent inutile, la garantie qui aura aidé à les assurer.

Nous ne pourrions croire que dans ces conditions, le gouvernement refuse son concours à une entreprise aussi considérable, aussi utile et dont les résultats seront incalculables pour la prospérité de la France.

Nous le pensons d'autant moins que nous ne sollicitons aucune subvention, et qu'il ne s'agit que d'une garantie d'intérêts, non dans la crainte que les bénéfices de l'entreprise soient insuffisants pour payer les intérèts du capital engagé, car nous avons au contraire la certitude que cette garantie sera purement nominale et que nous n'aurons nul besoin d'y avoir recours, mais parce qu'elle nous est absolument nécessaire pour en assurer le prestige et attirer la confiance, sans lesquels une entreprise aussi colossale serait impossible en France, où les capitalistes et les financiers s'occupent peu du développement de l'agriculture qui pour la plupart d'entre eux est une question inconnue.

Chose inouïe, c'est de la grandeur même de l'objet qu'est née l'une des objections les plus puissantes. En présence des résultats prodigieux qu'elle doit donner, on se demande si cette entreprise n'est point une belle illusion, une de ces affaires, comme on en a tant vues, faire miroiter des avantages merveilleux qui se sont réduits à néant pour les actionnaires. Mais qu'on aille en Autriche, en Russie, en Allemagne, et surtout en Angleterre, et la réalité séduisante et catégorique s'en dégagera avec son accroissement de produits et de richesses.

Or, l'Etat peut seul, en garantissant pendant une période limitée les intérèts des capitaux engagés, avancer la généralisation du nouveau procédé de culture, démontrer que l'opération est en réalité très-lucrative et faire tomber les préjugés qu'une apparence d'exagération a pu faire naître.

D'ailleurs, nous le répétons, il est hors de doute que la Société est appelée à faire immédiatement des opérations fructueuses et à réaliser des bénéfices qui lui permettront de remplir ses engagements sans avoir recours aux fonds de l'Etat. Et dans ce cas, la garantie, loin d'être onéreuse deviendrait fictive.

Un aperçu des travaux que se propose de faire la Société prouvera suffisamment cette assertion.

Le matériel des machines et des outillages à vapeur, est d'un entretien relativement peu coûteux ; nous avons dit que des dépôts en seraient établis dans tous les principaux centres agricoles de la France et de l'Algérie.

Quand ils verront à leur portée les avantages immenses d'un système de

culture, qui leur est en ce moment in-
terdit par le prix élevé des appareils,
quels sont donc les propriétaires ou les
fermiers intelligents et soucieux de leurs
intérêts, qui ne voudront profiter de
ceux de la Société, alors qu'ils n'auront
à payer qu'un prix de location relativement minime ?

Ne peut-on affirmer dès à présent
que les premiers clients de notre Société
seront les cinq ou six mille fermiers qui
aujourd'hui, employant la vapeur pour
le battage de leurs grains, en ont reconnu tous les avantages ? Ils échangeraient
ainsi des machines propres à un seul
emploi contre des appareils servant en
outre à toutes les opérations de leur culture ; et cela, sans avoir à faire d'autre
dépense que le paiement d'une modique
redevance à la Société.

Dès lors, la petite et la moyenne culture pourront participer aux bienfaits
agricoles, qui jusqu'à présent n'ont été
que le privilége des grands et puissants
agriculteurs.

D'un autre côté, la Société se propose
d'acheter à bas brix des terrains incultes

et délaissés, et de les revendre avec bénéfice, après les avoir défoncés, assainis, drainés et fertilisés par le seul procédé d'un labour profond, tenant lieu de bon engrais, et en avoir fait pour ainsi dire des champs d'expérience appelés à démontrer les grands avantages de la culture à vapeur.

Après les avoir rendu productifs, elle pourrait établir sur ces terrains de vastes exploitations agricoles qui, tout en servant d'écoles pratiques, où les petits cultivateurs viendraient s'initier à tous les progrès de la science appliquée à l'agriculture, lui assurerait en même temps d'importants bénéfices.

On le voit, notre entreprise présente en elle-même tous les éléments nécessaires à son succès.

Est-ce donc trop présumer que d'assurer que dès le début de sa fondation elle réalisera des bénéfices assez importants pour couvrir largement les intérêts de son capital et rendre fictive la garantie de l'Etat ?

Pourquoi serait-elle moins favorisée que toutes les entreprises de labourage, de battage ou de moissonnage, existant actuellement, et qui toutes réalisent d'importants bénéfices tout en rendant d'immenses servires à l'agriculture en général et au petit fermier en particulier.

Ne pourrait-elle marcher de pair avec les compagnies anglaises qui à la fin de leur premier exercice distribuaient à leurs actionnaires un dividende de 5 pour cent, qui s'élève maintenant jusqu'à 25 pour cent, après le prélèvement des fonds d'amortissement et de réserve ?

Et avec la compagnie Lorraine et Messine, dirigée par M. Grandeau, le célèbre fondateur des stations agricoles en France, laquelle, quoique nouvellement formée et encore imparfaitement organisée, a pu cependant distribuer l'année dernière, après une année d'exercice et en dehors des frais de réserve et d'amortissement un dividende de 5 pour cent à ses actionnaires ?

M. Grandeau, qui constate ce fait, ajoute :

« Comment chiffrer l'amélioration des

« terres où la culture à vapeur a été ap-
« pliquée ? »

Ces exemples, que nous pourrions
multiplier, sont les garants du succès de
notre entreprise, à laquelle on peut, dès
le début, prédire des résultats qui ne
feront que s'accroître et grandir, surtout
si la Société qui doit en doter le domaine public, se présente avec l'appui
et le patronage du gouvernement.

Aurions-nous un seul chemin de fer
en France, si, au début, on se fut borné
à faire un simple appel au crédit ? il est
permis d'en douter ; mais, ce que l'on
peut affirmer, c'est que beaucoup de
lignes actuellement existantes seraient
encore à créer si l'Etat n'avait accordé,
outre des subventions, la garantie des
intérêts du capital engagé dans ces entreprises.

La culture à la vapeur nous coûtera
moins et nous rapportera davantage,
puisqu'elle développe la richesse à sa
source qui est le sol, et qu'en outre, en
décuplant tous les produits du sol, elle augmente la matière transportable, et parti-
cipe, par cela même, dans une très-large

mesure, à la prospérité des grandes compagnies subventionnées par l'Etat!

VIII

Projet d'organisation

C'est afin d'atteindre ce but utile et tout patriotique que nous nous proposons de fonder, avec la garantie d'intérêts de l'Etat pendant trente ans, une Société pour l'exploitation du sol français, sous la dénomination de : *Société française du Labourage à la Vapeur*, au capital de 25 millions de francs, divisé en 50,000 actions de 500 francs chacune.

Cette Société aurait pour but :

1° La création, dans tous les principaux centres agricoles de la France et de l'Algérie, de dépôts d'outillages modernes, tels que locomobiles agricoles et routières, appareils de labourage à vapeur, charrue à vapeur, rouleaux, teilleuses, semeuses, faucheuses, moissonneuses, batteuses, pompes d'épuisement et d'irrigation, etc., etc., pour l'exploitation du sol français.

2° La location de ces machines et de

ces apppareils, moyennant un prix de location minime, mais suffisamment rémunérateur, à tous les propriétaires et usagers du sol, en mettant à leur disposition des équipes d'ouvriers aptes au maniement de ces appareils et conduits par des chefs compétents, pour démontrer aux fermiers l'usage des machines plus particulièrement propres à la nature du sol ou des productions locales ; et afin de leur apprendre à préparer leurs terres pour le labourage à la vapeur et à appliquer utilement ces appareils à tous les besoins de leur culture.

3° L'entreprise, soit pour le compte des communes, des propriétaires ou pour son propre compte, relativement aux terrains qu'elle aurait acquis, du défrichement et du défoncement à l'aide de la vapeur, des terres incultes, ingrates ou délaissées ; et de revendre ensuite avec profit, après les avoir rendues productives, celles qui seraient sa propriété, ou de les affermer moyennant un prix rémunérateur, ou enfin d'y créer des établissements agricoles.

4° L'entreprise aussi pour les com-

munes ou les propriétaires, du dessèchement, de l'irrigation, de l'assainissement et du drainage des terrains incultes
et marécageux, afin de les rendre au
domaine de l'agriculture, après leur
mise en valeur.

5° L'établissement, dans tous nos dépôts agricoles, sous la direction d'ingé-
nieurs choisis spécialement, d'ateliers
de réparation et d'entretien des machines agricoles.

6 L'entreprise à façon de tous les travaux agricoles : labourage, fauchage,
battage, et susceptibles d'être exécutés
mécaniquement ou à l'aide de la vapeur.

Ainsi que nous l'avons dit plus haut,
nos principaux dépôts seraient établis
dans les chefs-lieux d'arrondissements
militaires, afin de placer, autant que
possible, nos machines à la portée des
chefs d'armée, en cas de guerre. Mais
les dépôts centraux pourront eux-mêmes
être subdivisés en autant de dépôts
auxiliaires que pourraient nécessiter les
besoins de l'agriculture, du commerce
et de l'industrie, et notamment à proxi-

mité des stations de chemins de fer où se réunissent divers embranchements : les gares d'embranchement étant d'autant plus importantes dans chaque région que l'industrie et l'agriculture y sont plus développées.

Telle est l'économie générale de l'organisation de notre société, organisation qui, d'ailleurs, pourrait être changée ou transformée, suivant les besoins des localités.

DE CAILLAC.

(Extrait du journal *le Travail*.)

MELUN. IMP. DU *Travail*, A. VAREMBEY ET Cie

[illegible handwritten inscription]

[illegible handwritten signature]

www.ingramcontent.com/pod-product-compliance
Lightning Source LLC
LaVergne TN
LVHW021445170726
843501LV00005B/1508